Stefanie Simon

Lieben Sie Ihre Kunden, andere haben Sie nicht

Sachbuch

Mauer Verlag
Wilfried Kriese
72108 Rottenburg a/N
Buchgestaltung: Wilfried Kriese
Titelbild: creativ collection
2008
ISBN 978-3-86812-120-9

www.mauerverlag.de

Inhalt

Vorwort

Jedes Unternehmen lebt von seinen Kunden. Eine Erkenntnis, die grundsätzlich so alt wie die Welt ist. Und doch erscheint es immer wieder schwierig, Kunden an sein Unternehmen zu binden. Zeitungsverlage klagen über wegbrechende Abonnentenzahlen, Banken klagen über sogenannte Zinshopper und Gebührenaufspürer, Versicherungen verlieren Kunden, aber auch jede Menge andere Unternehmen. Häufig klagen wir Kunden über schlechte Behandlung, über die Dienstleistungswüste Deutschland, über mangelndes Entgegenkommen und stures Verhalten.
Nun gibt es in einem Unternehmen die, die im direkten Kontakt mit dem Kunden stehen, aber auch den Innendienst. Meist ist hier die Einstellung vertreten: Ich habe keinen Kundenkontakt, ist mir egal. Falsch! Der Kunde des Innendienstes ist der Außendienst. Auch hier ist eine gute Kundenbeziehung wichtig und wirkt sich deutlich positiv auf den Unternehmenserfolg aus.

Ein Kunde, der geht bedeutet einen erheblichen Verlust für das Unternehmen. Mit einem Kunden, der neu gewonnen wird, muss man einen viel höheren Deckungsbeitrag erwirtschaften, als mit einem Bestandskunden und das bei zu Beginn fehlender Vertrauensbasis.

Was kann man also tun, um seine Kunden an das Unternehmen zu binden - Langfristig und effektiv. Ganz klar : Sie lieben.......

Lesen Sie, wie Sie Kunden für immer an sich binden und die sogenannte Kaltakquisition für immer ein Fremdwort wird.

Herzlichst

Ihre Stefanie Simon

Lieben- im Geschäftsleben verpönt?

Der Begriff „Lieben“ ist im Deutschen eigentlich für den Privatbereich eines jeden einzelnen reserviert. Während im Englischen und besonders im Amerikanischen mit dem Begriff „ I love to“ alles Wünschenswerte ausgedrückt werden kann, scheint es im Deutschen verpönt, dieses Wort im Zusammenhang mit dem Neudeutschen „Business“ in Verbindung zu bringen. Es erscheint geradezu als sprachliche Peinlichkeit. Im Geschäftsleben verwenden wir doch mehr sachorientierte Begriffe. Schaut man aber einmal in den verfügbaren online-Lexika nach, so erhält man folgende Definition für den Begriff Liebe: Im weitesten Sinne bezeichnet Liebe eine ethische Grundhaltung (Nächstenliebe) oder die Liebe zu sich selbst. Im ersten Verständnis ist Liebe ein Gefühl oder mehr noch eine innere Haltung.

Hilft uns diese Definition, um das Wort „Lieben“ ohne schlechtes Gewissen in der inszenierten Scheinsachlichkeit des Geschäftslebens zu verwenden? Ich denke ja. Viele werden jetzt entgegnen, dass sie ihre Kunden gerne akzeptieren, aber ist es denn nötig sie gleich zu lieben? Lieben meint hier etwas mit ganzem Herzen tun. Ein berühmter Tennisspieler sagte einmal: Wenn Du es nicht lieben kannst, gehst Du besser vom Platz. Das genau ist hier gemeint. Es mit ganzem Herzen tun, es aus voller Überzeugung tun, es mit Begeisterung und vollem Elan tun. Lieben heißt aber auch, alle im positiven Sinne mit dem Begriff Lieben verbundenen Eigenschaften zu leben. Es gibt viele historische Beispiele, in denen Liebe ein entscheidender Faktor für Kundenbindung war. Schon für Cleopatra war Verführung ein Mittel, ihr Reich zusammenzuhalten. Denken wir an den Film über Don Juan de Marco. Sein Psychiater hat ihn mit der größten Wertschätzung behandelt, hat ihn geliebt und ihm schlussendlich dazu verholfen, sein Leben zu meistern. Eines der größten Ziele, die ein Psychotherapeut gemeinsam mit dem Patienten erreichen kann. Wie hat es Jesus geschafft, seine Jünger zu gewinnen und den Kreis um ihn herum am Leben zu erhalten? Mit Liebe… Er kannte die Schwächen der einzelnen Jünger und hat doch mit größter Wertschätzung agiert.

Doch nicht für alle Menschen impliziert das Wort Lieben nur positive Aspekte und positive Gedanken. Oftmals wird Liebe mit Bevormundung und Einengung verbunden. Wer schon einmal Liebeskummer hatte, der weiß, dass es kaum etwas Schmerzlicheres gibt. Und jetzt soll ich auch noch freiwillig meine Kunden lieben? Lieben wird auch häufig mit Realitätsverlust einhergehend betrachtet. Wer kennt nicht die typische rosa Wolke auf der man sich befindet und ohne Kritik am Anderen für diesen alles aufgibt. Im Geschäftsleben ist das die beste Methode, mit seinen Kunden umzugehen. Wie möchte man von jemand behandelt werden, der vorgibt einen zu lieben? Man erwartet Aufmerksamkeit, Respekt, Wertschätzung, Interesse an der eigenen Person. Nur von einer Person, von der man glaubt geliebt zu werden nimmt man Kritik an. Andersherum: Wie behandelt man Menschen die man liebt? Man denkt an denjenigen, nimmt ihm kleinere Pflichten ab, schenkt ihm Kleinigkeiten, hört ihm zu, achtet auf ihn und seine Emotionen. Liebe findet selten in großen Taten statt. Liebe findet im Alltag statt. Bezogen auf das Geschäftsleben: Konfrontiert uns ein Kunde mit einem großen Geschäftsabschluss, dann ist es leicht ihn zu lieben. Wir erkennen unseren Vorteil, der Abschluss bringt uns unserer Zielerreichung näher. Werden wir leistungsabhängig bezahlt, dann bringt uns der Kunde unserem Ziel ein Stück näher. Wie oft haben wir das am eigenen Leib erfahren: Wir gehen einkaufen, werden misstrauisch von der Verkäuferin oder dem Verkäufer beäugt. Kritisch betrachtet werden wir mit unseren Wünschen verwiesen: „ Wenn Sie Hilfe brauchen, melden Sie sich“. Signalisieren wir Kaufabsicht, werden die Herrschaften geschäftig. Ein Beispiel aus einer Düsseldorfer Parfümerie: Als ich etwas aus dem Regal nahm, fauchte es hinter mir: Ich glaube die Dame braucht Hilfe. Angewidert starrte mich ein aufgetakelter Herr an und winkte eifrig seine Angestellte heran. Erst mit Kauf und Bezahlung säuselte er: Bis bald! Geliebt hat dieser Chef

seine Kunden noch nie! Höchstens mit Abschluss. Also: Mit Abschluss ist es leicht, seine Kunden zu lieben. Was ist aber mit den sämtlichen anderen Situationen, mit denen uns Kunden konfrontieren: Bescheinigungen, Umtausch, lediglich Nachfragen und Beratungen, Mängel….. Alles Dinge, die zunächst den Deckungsbeitrag nicht erhöhen. Dürfen wir dann schimpfen: Meine Güte, dieser Mensch ist aber auch lästig. Permanente Sonderwünsche . Dauernd ruft er an. Klar, werden jetzt viele sagen: hört er doch nicht. Und doch: Seine Kunden zu lieben bedeutet eine Grundhaltung zu leben. Es bedeutet, ihn in allen seinen Wünschen zu begleiten.
In Amerika wird diese Grundhaltung bereits viel deutlicher gelebt. Ja, ein Aufschrei: In Amerika ist alles so oberflächlich! Aber bitte: Werden wir nicht alle lieber oberflächlich nett und freundlich und voller Wertschätzung behandelt, als tiefsinnig unfreundlich und unwirsch?
Wenn wir einmal Schlüsselszenen unseres bisherigen Lebens betrachten: Wann haben wir Erfolg gehabt? Wenn wir es „für die Karriere“ gemacht haben? Wenn wir es „für Geld gemacht haben“? Nein wir hatten immer genau dann Erfolg, wenn wir es mit Liebe und Wertschätzung getan haben.

Vor einigen Jahren zogen Trainer und Coachs durch das Land und predigten „Kundenorientierung“. Machen wir den Kunden zum Mittelpunkt unseres Geschäfts. Weg vom verwaltungstechnisch geprägten Abfertigen der Kunden hin zur Kundenorientierung. Alle Mitarbeiter des Verkaufs wurden zu Workshops eingeladen: Der Kunde - Mittelpunkt unseres Unternehmens. Eifrig wurde überlegt, wie man dem Kunden gerecht werden kann. Euphorisch wurden Visionen geschaffen wie „Alle Menschen werden Kunden - ein globales Verbrüderungsprogramm". Es wurden Listen aller potenziellen Kunden angefordert und ausgewertet. Marktanteile wurden bewertet und es wurde berechnet, welche Marktanteile noch hinzugewonnen werden können. Die vorhandenen Kunden wurden in Kundengruppen eingeteilt. In Banken bildete man Kundengruppen unterteilt in A,B,C,D - Kunden. Prima: Diesen entstandenen Kundengruppen wurden Produkte zugeteilt: Welche Kundengruppe braucht welches Produkt. Mit der Nutzung verschiedener Produkte konnten Kunden im Ranking aufsteigen. Man ordnete den einzelnen Kundengruppen Telefonzeiten und Besuchspflichten zu. Entsprechend der Kundengruppe wurde den Mitarbeitern notwendige Qualifikationen zugeordnet. Stolz wurde das Ergebnis betrachtet: Super! Fertig die Kundenorientierung. Jetzt wurden noch Qualitätsstandards geschaffen. Ich erinner mich gut daran, dass sie alle mit : Wir wollen ….. beginnen. So zum Beispiel: Öffnungszeiten: ab 9 Uhr morgens Wir wollen die Tür immer 5 Minuten vor der Zeit öffnen: Genau, so geht Kundenorientierung! Als alles zu Papier gebracht worden war, war man sicher jetzt Kundenorientierung geschaffen zu haben. Schade, funktioniert hat das alles nie. Als alle Kunden klassifiziert waren, als alles technisch hinterlegt war, konnte man keinerlei Änderung feststellen. Wer über die Flure ging, konnte weiterhin erregtes Schimpfen über Kunden vernehmen. In den Abteilungen mit direktem Kundenkontakt über die externen Kunden, in den marktfernen Abteilungen über die Kundenbetreuer und Verkäufer. Da es weiterhin trotz „Kundenorientierung" Kundenbeschwerden gab, richtete man eine Sondereinheit „Beschwerdemanagement" ein, um auf den Kunden einzugehen. Am Beispiel sehr vieler Unternehmen stellen wir fest, es hat überhaupt nicht funktioniert. Man bekam im Falle einer Beschwerde eine schriftliche Entschuldigung, vielleicht seinen speziellen Wunsch erfüllt und ahnte, dass man bei seinem Kundenbetreuer den roten Reiter „besonders schwierig" erhalten hatte.

Die drei kurzen Buchstaben „CMR" werden heute wie ein Credo ständig heruntergebetet. Jeder Auszubildende eines größeren Unternehmens erwidert bei Nachfrage, ob er dieses Wort kennt: Na, klar. Customer Relationship Management. Interessant ist, dass niemand so ganz genau weiß, was damit gemeint ist. Beobachtet man in Meetings mit diesem Thema das Geschehen ganz genau, so stellt man fest, dass mit diesem Begriff offensichtlich jeder etwas anderes meint und etwas anderes verbindet. Ein schöner Anlass also, um sich unzählige Male zu treffen. Wichtig laufen Leute über die Flure und stammeln: wir verbessern im heutigen Meeting das CMR. In der grundsätzlichen Denkhaltung lobenswert. Nur leider total ineffizient und uneffektiv, da etwas ganz Wichtiges fehlt: DIE INNERE GRUNDHALTUNG.

Was können wir also tun, um diesem Missstand ein Ende zu machen: Machen wir doch endlich ernst mit „Kundenorientierung“. Lieben wir doch unsere Kunden!

Verinnerlichen wir doch eine an sich einfache Grundhaltung. Nutzen wir doch die Fähigkeit, die grundsätzlich alle Menschen von Geburt an haben: Andere Menschen mögen, andere Menschen lieben. Dazu muss sich zunächst unser Denken umstellen. Weg vom sachlich orientierten Entwickeln von Kundenbetreuungssystem hinzu einer Einstellung, die den Umgang mit unseren Kunden leicht macht, zum Erfolg führt und uns motiviert. Der Bereich der Motivation ist ein häufig strapazierter Bereich. Jeder weiß, dass externe Motivation im Sande verläuft. Externe Motivation gibt es nicht. Es gibt eine Art der Motivation: die eigene Motivation. Diese fällt ganz leicht mit der festen inneren Einstellung: Ich liebe meine Kunden.

Machen wir unsere Kunden zu unseren Freunden, zum Mittelpunkt unseres Erfolges. Arbeiten wir mit den Kunden die wir haben. Es werden dann über

ein echtes Empfehlungsmanagement neue Kunden kommen. Das versetzt uns in die Lage, nie mehr aufwändige Neukundenakquisition mit frustrierenden Telefonaten und häufig unsinnigem Aufwand zu betreiben. Solche neu gewonnen Kunden können wir nur mit niedrigen Preisen und Sonderkonditionen locken, was schon an sich eine Benachteiligung unserer Bestandskunden bedeutet. Gehen wir den einfachen Schritt zu sagen:
Ich liebe meine Kunden!

Wenn wir verliebt sind….
Von wundersamen Verhaltensänderungen

Wenn wir verliebt sind, dann verändern wir uns zunächst ganz und gar. Wir lächeln, lachen oft, wir gehen aufrecht, nichts kann uns schnell nerven, wir sind tolerant und aufgekratzt. Wenn wir warten müssen, ist dass für uns kein Problem, alles was uns vorher unglücklich machte, können wir belächeln. Charmant und voller Zuversicht gehen wir durchs Leben. Wir sind bereit zu geben und sind bereit uns in unserem besten Licht zu zeigen. Wir sind ganz und gar überzeugt davon, dass wir unsere Macken bekämpfen können und reißen uns zusammen. Nichts soll unsere Schokoladenseite trüben. Wir finden uns plötzlich total ok so wie wir sind und mäkeln nicht ständig an uns herum. Ein Zustand großer Selbstzufriedenheit. Mit Blick auf den anderen: Der in den wir verliebt sind, wird zum Held unseres Alltags. Auch hier erkennen wir kaum Fehler und Schwächen und die, die wir erkennen, erscheinen uns liebenswert. Wohlwollend betrachten wir unser Gegenüber und finden es nahezu perfekt. Beide Menschen sind bestrebt, es dem jeweils anderen gut gehen zu lassen. Man verbringt Zeit miteinander, interessiert sich für den anderen, überlegt, wie man dazu beitragen kann, alles für den anderen angenehm zu machen. Was empfinden wir, wenn sich jemand in uns verliebt hat? Wir fühlen uns geschmeichelt und bemühen uns, diesen Empfindungen gerecht zu werden. Augenblicklich blühen wir auf, auch wenn wir dieses Gefühl zunächst nicht erwidern. Wir spüren die Wertschätzung und ein angenehmes Gefühl wird von ihr begleitet. Das Gefühl des Verliebtseins verändert sich und wird dann zur Liebe. Die unglaubliche Euphorie weicht und verwandelt sich in ein stabiles und beständiges Gefühl von Achtung, Respekt und Wertschätzung. Die Liebe ist das erwachsen werden der Verliebtheit.

Was können wir daraus für unsere Kundenbindung und Kundenpflege ableiten? Kundenbindung und Kundenpflege lebt davon, seinem Gegenüber also dem Kunden positive, angenehme Emotionen zu vermitteln. Solche positiven Gefühle entwickeln wir geschlechtsunabhängig immer dann, wenn wir ernst genommen werden, wenn wir respektiert werden und wenn wir fühlen, dass man uns so wie wir sind, annimmt. Ein Kunde mit diesen angenehmen Emotionen ist ein treuer Kunde, ein Kunde der gerne wiederkommt. Ein Kunde, der die Leistungen die wir anbieten auch bei uns in Anspruch nimmt. Mit funktionierender Kundenbindung machen wir unseren Kunden unempfindlicher für Mitbewerberangebote . Aber nicht nur das. Auf Dauer können wir nur wachsen, wenn wir zusätzliche Marktanteile gewinnen. Wenn wir keine gravierend neuen Produkte anbieten können und das ist in den meisten Fällen so, müssen wir also zusätzliche Kunden gewinnen. Am Besten geht das über Empfehlungsmanagement. Wenn wir es also schaffen, unseren Kunden ganz für uns zu begeistern, dann wird er uns empfehlen. Dazu reicht es aber nicht, gut zu sein und unsere Leistung gut anzubieten. Wir leben in einer Leistungsgesellschaft, in der der Zweite nicht der zweite Gewinner ist, sondern ein Verlierer. Wenn man eine Dienstleistung in Anspruch nimmt, dann geht man davon aus, dass sie gut erbracht wird und das ist der Kunde von heute nicht mehr bereit besonders zu loben und zu erwähnen. Was aber lässt zum Beispiel den Dalai Lama so beliebt sein? Was lässt tausende von Menschen zuhören, wenn er zu uns nach Deutschland kommt? Weil er vermittelt, woran es den meisten Menschen mangelt: Liebe und das Gefühl des Respekts und der Anerkennung. Das ist es, wonach sich Menschen sehnen und was sie sich wünschen. Ganz banal im Prinzip. Jeder Verkäufer und Kundenberater wurde in seiner Laufbahn mit der Maslowschen Bedürfnispyramide konfrontiert. Die erste Ebene der Pyramide: die Grundbedürfnisse: Nahrung, Geborgenheit, Vertrauen, Liebe.... Diese erste Ebene wurde allerdings meist nicht weiter erwähnt. Finanzielle Sicherheit, Luxus, Vorsorge, dass alles waren Bedürfnisse, denen wir uns bisher zugewandt haben. Liebe war etwas, dass in den Privatbereich gehörte....diese Ebene stellt allerdings in der Pyramide die Basis dar. Und das wissen wir alle: ohne die Basis steht der Rest auf extrem wackligen

Füssen.
Seit einigen Jahren wird die „ganzheitliche Kundenberatung“ angestrebt. Ganzheitliche Kundenberatung bedeutet übersetzt, den Menschen, also den Kunden als „Ganzes“ wahrnehmen. Das „Ganze“ eines Menschen im Groben ist sein Privatleben und sein geschäftliches Dasein. Das macht den Menschen aus. Die scheinbar größte Herausforderung für einen Menschen besteht oftmals darin, die Balance zwischen Beruf und Privat zu finden. Die Erfordernisse des Geschäftslebens mit den Ansprüchen im Privatleben zu koordinieren. Das die Diskrepanz zwischen diesen beiden Bereichen so erheblich ist, ist auch eine Folge der extremen Sachlichkeit, die wir dem Geschäftsleben zugeordnet haben und der Tatsache, dass wir die beiden Bereiche so beharrlich trennen. Wollen wir aber die ganzheitliche Beratung sehr ernst betreiben, dann müssen wir den Menschen, um den es in der Beratung geht, auch wirklich ganzheitlich sehen. Am leichtesten fällt dass, wenn wir uns in den Kunden reinversetzen. Wenn wir uns einmal auf seinen Stuhl setzen und uns bemühen, die Welt mit seinen Augen zu sehen. Wenn wir verliebt sind, dann erscheint uns genau dieser Vorgang als eine Selbstverständlichkeit. Was liegt da näher als unseren Kunden so zu nehmen wie er ist, ihn mit allen seinen Vorzügen und seinen Schwächen und Eigenarten zu akzeptieren. Wir sollten nicht über ihn schimpfen, wenn er sich für unseren Geschmack

merkwürdig verhält und vielmehr mit einem Augenzwinkern aus der Perspektive dass wir ihn mögen versuchen, ihm seine Wünsche zu erfüllen.
Wenn wir jemand kennenlernen, dann können wir uns in ihn verlieben. Es gibt die sagenumwobene Liebe auf den ersten Blick und es gibt die Liebe, die als Freundschaft beginnt und sich zur Liebe entwikkelt. Heimlich verliebt sein bringt nur wenig. Wenn wir an die vielen Teenager denken, dann ist uns eine heimliche Verliebtheit nicht fremd. Aus meiner Coaching-Praxis weiß ich allerdings, dass es auch unter Erwachsenen häufig eine heimliche Verliebtheit gibt. Das darf uns natürlich mit unseren Kunden nicht passieren. Unser Kunde muss sich geliebt fühlen, wir müssen es ihm nicht explizit sagen, aber er muss in unserer Gegenwart ein gutes Gefühl entwickeln. Auch in Telefonaten müssen wir ihm das Gefühl vermitteln, dass wir ihn mögen und uns Zeit für ihn nehmen und uns keinen Stress anmerken lassen. Glauben Sie mir, wenn Sie zu der Grundhaltung übergehen, ihre Kunden wirklich zu mögen, also sie zu lieben, dann werden Sie Ihnen nicht mehr lästig sein und Sie werden bei der Ausübung Ihrer Tätigkeit, der Betreuung und Beratung Ihrer Kunden keinen negativen Stress mehr verspüren.
Jetzt werden viele aufschreien: Ja, das klingt super. Aber die Realität ist nun doch wirklich anders. Kein Berater ist nur Berater. Kein Verkäufer ist nur Verkäufer. Alle haben einen hohen Anteil administrativer

Tätigkeiten, die ganz nebenbei den Tagesplan füllen. Sicher hat man viel Lust seine Kunden zu lieben, aber leider keine Zeit. Da kann ich nur vehement wiedersprechen: Wenn Sie die Liebe zu Ihren Kunden zu Ihrer wahren inneren Einstellung machen, dann ist der Rest die Pflicht zur angenehmen Kür. Sie werden aus den sich widerspiegelnden positiven Erlebnissen die Kraft für den Rest nehmen. Administrative Tätigkeiten sind im Übrigen zumeist Statistiken. Wenn Sie gute Erfolge haben und die werden sich mit dieser Einstellung sehr schnell einstellen, dann macht es auch Spass, diese nach außen mitzuteilen: „Tue Gutes und rede darüber" war schon ein Wahlspruch meiner Oma.

Nichts motiviert so sehr, wie die ehrliche Zufriedenheit eines Kunden. Diese Art der Motivation kann kein Chef ersetzen, keine Gehaltserhöhung längerfristig leisten. Eine gute Kundenbindung erzeugt ein gutes Arbeitsgefühl.

Ein Beispiel aus einem Düsseldorfer Theater:

Wir wollten ein Abo erwerben. Grundsätzlich kein außergewöhnliches Anliegen in einem Theater. Ein Blick auf die Internetseite: Prima, Weiterleitung zur telefonischen Ticketbestellung oder per online. Ich bin eher der Kommunikationsfreund, also Anruf: Besetzt, besetzt, besetzt: Und das in einer Zeit, in der eine Warteschleife kein Geld mehr kostet…. Egal: Vielleicht ruft jemand zurück: schließlich gibt

es Anruflisten. Nein, also Tickets online. Eine E-Mail geschrieben: keine Antwort!. Dann ist doch der telefonische Kontakt gelungen: Antwort vom Theater: So geht es nicht. Sie müssen hierher kommen, den Plan abholen, den Bestellzettel ausfüllen, einschicken und dann warten. Meine Verärgerung war nicht zu bremsen. Ich habe dann eine E-Mail an den Geschäftsführer geschrieben, der sehr einfühlsam und zuvorkommend agiert hat. Ich war besänftigt, habe ein Abo und bin ein zufriedener Kunde.
Also: Wir brauchen nicht zwingend hochqualifizierte Leute, aber Leute, die die richtige Einstellung zum Kunden haben und die eins wirklich wollen: Mitmachen! Mitmachen mit der Philosophie: Ich habe nur die Kunden, die ich habe und die nehme ich so wie sie sind und die liebe ich. Denen erfülle ich möglichst ihre Wünsche. Welche Mühe hätte die Dame an der Theaterkasse zusätzlich gehabt? Ihren eigenen inneren Frust hätte sie sich sparen können, stattdessen hätte sie ein positives Erlebnis mit einer zufriedenen Kundin haben können.
Wenn man verliebt ist, so sagen Mediziner, schüttet man viele Glückshormone aus. Die bekommen wir unter Umständen auch, wenn wir Schokolade essen, auf Dauer führt das aber zum gegenteiligen Ergebnis, da das häufige Schokolade essen sich meist an anderen Stellen negativ bemerkbar macht. Joggen wird auch immer als geeignete Methode beschrieben aber ich finde es handelt sich um eine höchst un-

bequeme Methode, vor allem wenn es regnet. Oder eben wenn wir verliebt sind und wenn wir lächeln. Also im Umkehrschluss: Suchen Sie viele Situationen, in denen Sie Attribute des Verliebtseins zeigen und in denen Sie lächeln. Ich weiss aus eigener Erfahrung, wie positiv man dann den Tag beendet, wenn einem dies gelungen ist.

Wenn wir verliebt sind, dann haben wir Ideen. Menschen mit kreativen Hobbies wissen, wovon wir jetzt reden. Maler können tolle Bilder malen, Klavierspieler seelenvolle Stücke spielen, Schauspieler können authentische Rollen spielen, Sportler laufen zur Höchstform auf, Komponisten schreiben Hits, die Aufzählung derer , die dann tolle Dinge schöpfen ist schier endlos. Warum also dieses Gefühl nur auf den Privatbereich begrenzen? Warum nicht die Sachlichkeit des Arbeitslebens mit Emotionen füllen? Dies soll kein Aufruf sein, mit seinen Kunden Verhältnisse zu beginnen und sich so in diese Philosophie hineinzusteigern, dass man Privates und Berufliches in Zukunft miteinander vermischt, sondern es soll lediglich die Aufforderung sein, mit der richtigen inneren Einstellung seinen Job zu machen und mit den zwangsläufig demotivierenden Faktoren besser umzugehen. In einer privaten Partnerschaft entlieben wir uns auch nicht unmittelbar, wenn der Partner sich einmal nicht so verhält, wie wir es uns wünschen. Wir sind nachsichtiger und wohlwollender.

Um aber die Notwendigkeit der Philosophie noch

besser zu erkennen, beleuchten wir doch einfach mal, warum Kunden gehen.

Warum gehen Kunden? Gründe für den Abschied und Arten des Abschieds

Für uns Dienstleister gehen Kunden oft aus scheinbar nichtigen Gründen. Da ist mal ein Kontakt nicht gut gelaufen.... So zumindest scheint es im Rückblick. Oft bemerkt man allerdings gar nicht, wenn der Kunde geht. So kann ich ein Beispiel aus meiner Zeit als Firmenkundenbetreuerin einer Bank beisteuern: Ein wohlhabender Kunde brachte mehrere Beschwerden an. Meistens wurde er als renitenter und unmöglicher Mensch abgetan. Eines Tages gab er eine Überweisung in Höhe von 1.000.000 Euro bei der Bank ab. Es wurde von seinem Girokonto an eine andere Bank überwiesen. Gespannt wartete der Kunde auf eine Reaktion der Dame am Service. Aber nein, keine Reaktion. Er wurde auch nicht angerufen. Niemand interessierte es, warum dieser Mann sein Geld zu einer anderen Bank transferierte. Einige Wochen später rief er den Vorstand der Bank an und erzählte seine Geschichte. Alle in diesen Vorgang eingebundenen Personen wurden „verhört" und erhielten eine Rüge, mit dem Hinweis, dass es beim nächsten Mal wohl eine Abmahnung gebe. Man hat versucht den Kunden zurückzugewinnen. Es gab allerdings bis heute keine Chance, die Geschäftsverbindung zu optimieren. Vielmehr gab es für den Kunden die Chance, die Bank dauernd um

die besten Konditionen zu bitten, aber ohne Gegenleistung.
Gründe zu gehen ergeben sich jedoch nicht immer nur aus eigenen Erfahrungen. Man hört eine Geschichte von einem anderen Kunden, hört diese Dinge öfter und schon ist der erste Grundstein für einen Abschied gelegt. Schlechte Nachrichten potenzieren sich doch immer häufiger, als gute Nachrichten.
Doch auch gelingt es Mitbewerbern immer wieder, Kunden abzuwerben. Oftmals wird argumentiert, dass die Kunden nur noch preisorientiert handeln - nach der „Geiz ist Geil-Mentalität"- so dass sie für wenige Euros bereit sind, zu wechseln. Und das genau glaube ich nicht. Ein Kunde, der sich wohlfühlt, der weiß, dass man ihn wertschätzt und ihn voller Respekt behandelt, der geht so schnell nicht. Aber genau das ist der Grund, warum ein Kunde sich häufig verabschiedet: Er fühlt sich nicht akzeptiert. Ihm fehlt die Anerkennung. Das Gefühl, das man ihn versteht und seine Pläne versteht. Man kann als Dienstleister nicht immer alle Wünsche erfüllen. Das wissen auch Kunden. Es kommt aber immer darauf an, wie man dann mit dem Kunden kommuniziert und welche Lösungen man versucht zu finden. Und vor allem kommt es darauf an, aus welcher Grundhaltung heraus man mit dem Kunden spricht. Natürlich kommt es überhaupt darauf an, echte Kommunikation zu betreiben. Nämlich so zu sprechen, dass das, was ich sage auch wirklich ankommt.

Keiner hätte es je schöner formulieren können als Paul Watzlawik, der Meister der Kommunikation. Wir sehen, es bedarf gar nicht eines großen negativen Ereignisses, damit Kunden gehen. Es ist die Summe der Dinge, die den Kunden fühlen lassen: Hier werde ich nicht geliebt. Klar wird häufig von Verkäufern gesagt: der findet nie einen, der ihm alles Recht macht. Das kann sein, er findet aber vielleicht jemand, der ihm ein Grundbedürfnis erfüllt: Anerkennung und Wertschätzung. Dann ist alles andere gar nicht mehr so sehr wichtig.

Also: Wie gehen Kunden? Meistens nicht so lautstark, wie der oben beschriebene Kunde der Bank. Die meisten melden sich einfach nicht mehr. Kommen erst immer seltener und dann gar nicht mehr. Die wenigstens Kunden machen sich die Mühe, sich zu beschweren. Die Kunden, mit denen man gute Deckungsbeiträge erwirtschaftet ohnehin nicht. Sie gehen ganz geräuschlos. So ein geräuschlos entschwindender Kunde darf allerdings nicht unterschätzt werden. Er trägt es weiter. Wo immer er kann. Wann immer man ihm zuhört. Wie gesagt, schlechte Nachrichten bleiben besser im Gedächtnis. Das heißt, wenn Sie einen Kunden verlieren, dann reicht es nicht, dafür einen Neukunden zu gewinnen. Sie müssen auch einkalkulieren, dass dieser Kunde negative Werbung für sie macht und einen ohnehin latent unzufriedenen Kunden mitzieht.

Was passiert aber, wenn ein Kunde laut protestiert?

Wenn er sich beschwert? Meistens wird von einer höherrangigen Person ein Zugeständnis gemacht. Dumm für den, der den Kundenwunsch zunächst ablehnte. Damit ist die Beziehung ruiniert. Der, der die Entscheidung zum Zugeständnis traf ist nicht besser bedient. Der Kunde wird sich zukünftig an ihn wenden. Es ist aber ein Teufelskreis. Ich kenne Kunden, die wurden von Berater zu Berater, von Verkäufer zu Verkäufer weitergereicht. Meistens mit dem Stempel „superschwierig". Eine leichte Abneigung verspürt der neue Verkäufer bereits zu Beginn und schon ist die Wertschätzung in Gefahr.

Deshalb macht es wenig Sinn, ein Beschwerdemanagement zu installieren. Wie sieht denn ein solches auch aus? Meistens ist es in einer Stabsstelle angesiedelt. Alle schriftlichen und mündlichen Beschwerden laufen dort auf. Da diese Mitarbeiter auch nicht mit der nötigen Grundhaltung ausgestattet sind kommt es entweder zu folgendem Gedanken:

Puuh, dieser Kunde schon wieder. Alter Meckersack, oder:

Der Kollege hat aber wirklich wieder doof gehandelt.

Im Rückblick allerdings ist manches leicht zu bewerten. Der Kunde erhält dann ein Entschuldigungsschreiben, bei sehr guten Kunden begleitet von einem Blumenstrauß oder einem anderen give away.

In sehr guten Unternehmen wird der Prozess eventuell nochmal überdacht. Punkt.
Ganz schön ist auch folgende Variante: Die Beschwerde landet beim Chef. Der Mitarbeiter wird zitiert und angehört. Der Kunde wird zum Gespräch eingeladen, wenn man ihm seinen Wunsch erfüllen kann und erhält ein Schreiben mit der Bitte um Verständnis, wenn man es nicht tun kann. Was ist, wenn ich als Kunde kein Verständnis habe? Das frage ich mich im übrigen immer dann, wenn im Fernsehprogramm eine Ankündigung stattfand, der Beitrag dann aber nicht gesendet wird. Die Sprecherin oder der Sprecher sagt: Wir bitten um Ihr Verständnis. Ja, super und wenn ich kein Verständnis habe? In beiden Fällen, ist die Kundenbeziehung nicht mehr intakt. Also Beschwerdemanagement ist keine gute Idee.
In vielen Dienstleistungsunternehmen ist es auch üblich, den Kunden zu befragen, warum er denn geht. So z.B. bei vielen Versandhäusern. Hier wird man angeschrieben, warum man nichts mehr bestellt. Als wenn ich mir als Kunde die Mühe noch mache. Und wenn ich diese Dinge beantworte, erhalte ich einen Gutschein über 5 Euro , mit dem Hinweis: Vielen Dank für Ihre Kritik. Das entbehrt jeder Ernsthaftigkeit. Bei Banken werden die Gründe für die Auflösung eines Kontos auch festgehalten. Solche Listen werden meiner Meinung nach nur selten dazu benutzt, den eigentlichen Grund

herauszufinden. Alles was man als Dienstleistungsunternehmen schreibt wird immer als belanglos und gleichförmig vom Kunden empfunden. Sie werden Kunde eines Unternehmens und schon erhalten Sie einen Brief: Herzlich Willkommen. Standard-Schreiben vom Dienstleister nebenan. Genauso sieht dann mein Abschied aus. Standard: ach übrigens, ich kaufe nicht mehr bei Ihnen. Selbst Kunden wie ich, die immer noch das Gefühl haben, sie müssten die Dienstleistungswüste verbessern, neigen immer mehr dazu, geräuschlos zu gehen. Denn dort, wo Wertschätzung fehlt, ist es unsinnig zu reden. Es sei denn, man ist wirklich mit aller einem zur Verfügung stehenden Energie ein Weltverbesserer.

Hat man sich für diese Variante entschieden, bedeutet das, dass man kämpfen möchte. Als Weltverbesserer schreibt man eine E-Mail, in der man explizit seine Kritik äußert. Man schreibt freundlich, alle Regeln der Kommunikation beherzigend. Man versucht zu erklären, wie man tickt, möchte wissen wie der andere tickt und zukünftig möglichst im gleichen Takt agieren. Man erhält keine Antwort. Wahrscheinlich wurde man intern als Weltverbesserer ausgelacht. Nun, man gibt sich nicht zufrieden. Die gleiche E-Mail geht an den Vorgesetzten: Wiederum keine Antwort. Man wird also mit absoluter Ignoranz bestraft. Es wird einem aufgezeigt, dass es dem Unternehmen nicht wichtig ist, einmal ein Feed back zu hören, sondern es agiert im immer gleichen Trott. Ganz belustigend fand ich folgendes: ich habe einmal im Unternehmensleitbild eines solchen Unternehmens nachgeschaut. Ich konnte es über Internet herunterladen. Es kam in DIN-A4-Größe auf Hochglanzpapier und mit großen Bildern von beeindruckenden Immobilien. Hier wurde folgendes mitgeteilt:

Kritik und Anerkennung sollen dazu dienen, den Mut zu fördern und langfristige Zufriedenheit gewährleisten. Wir sind erst zufrieden, wenn unsere Teilhaber und Kunden zufrieden sind. Weiter unten schrieb man: Eines unserer Ziele ist dabei: agieren statt reagieren.

Ahhhh, jetzt verstehe ich. Genau sie wollen nicht reagieren sondern nur agieren. Also wir sehen wieder einmal, was solche Leitbilder wert sind: Nichts. Man ist froh, so etwas aufgeschrieben zu haben. Man hat es und hat damit allen externen Ansprüchen genüge getan. Nur leider wurde es den Mitarbeitern nicht verinnerlicht, wobei natürlich die Führung es auch nicht verinnerlicht hat. Wenn man nicht die vollständige Gesinnung schult, dann funktioniert Kundenbindung nicht. Dann schafft man Ersatzinstrumente, wie zuvor beschrieben. Wer nicht wirklich seine Kunden lieben kann, den interessieren sie nicht. Der schreibt Briefe, statt zu telefonieren, der versteckt sich hinter Anordnungen und Arbeitsabläufen, statt flexibel zu denken. Der denkt nicht den Prozess zu Ende sondern verrichtet die eine Tätigkeit und beendet damit den Prozess. Irgendeiner wird sich schon kümmern. Zur Not kann ich es noch auf einen anderen schieben. Laut schimpfen auf den „Blödmann“, der das wieder gemacht hat. Auch daran erkennt man im Übrigen eine Unternehmenskultur und eine Grundhaltung gegenüber Menschen. Wer sich unternehmensintern wie ein Gutsherr von vor 100 Jahren aufführt, der kann keine wirkliche Kundenbindung betreiben. Der stellt sich selbst in den Mittelpunkt. Eine absolut tödliche Einstellung in einem Dienstleistungsunternehmen. Denn ein Dienstleistungsunternehmen mit absoluter Wertschätzung für seine Kunden und Menschen ist nun mal keine Plattform für profilierungssüchtige Gönner. Es erfordert ernsthaftes Zurücknehmen der eigenen Interessen. Wobei ich hier nicht missverstanden werden möchte: Profit ist natürlich das, woran Unternehmen gemessen werden. Der ist aber kein Problem mehr, wenn ich in der Grundhaltung „Ich liebe meine Kunden“ agiere. Denn für eine perfekte Leistung, mit Wertschätzung und Anerkennung ist auch der heutige Kunde immer noch gerne bereit zu zahlen. Nicht umsonst haben alle Wellnesstempel in Deutschland einen wahnsinnigen Zulauf. Egal wie teuer. Sie sind ausgebucht. Und warum? Weil der Kunde das bekommt, was er braucht. Wertschätzung, Respekt, ein gutes Gefühl.

Klassische Situationen
Kunden kommen zu Wort

Dieses Kapitel soll einige Kundenstimmen widerspiegeln, damit meine ich Beispiele für das, was Kunden täglich erleben. Der Anonymität wegen werden nur die Vornamen genannt und keine Firmen. Es geht hier nicht darum, Menschen zu verunglimpfen, aber darum Situationen aufzuzeigen, die sich unseren Dienstleistungsunternehmen tagtäglich ereignen:

Sabine:
Die Dame hat einen PC erworben. Wollte das Gerät auch für das Internet nutzen. Im Geschäft hatte man ihr auf ihre Frage hin erklärt, das sie alles Notwendige bei einer Hotline abfragen könnte. (Natürlich nicht kostenfrei) Kein Problem, angerufen und ¼ Stunde gewartet. Eine gelangweilte Dame meldet sich: Wie kann ich Ihnen helfen? Sabine schildert das Problem….Schweigen, dann haben Sie die Bedienungsanleitung aus dem Internet abgerufen? Nein? Dann versuchen Sie das. Danke. Auf wiederhören.

Rainer und Martina
Sie haben einen Immobilienmakler beauftragt. Mit ganz konkreten Wünschen. Sie haben fünf Objekte besichtigt und keines traf auch nur annähernd auf das gelieferte Profil zu. Als sie sich beschwerten,

hörten Sie: Ich kann Ihnen nur das zeigen, was wir haben.

Michael und Brigitte
Die beiden wollten ein Haus kaufen und suchten die entsprechende Finanzierung. Es erfolgte die Bitte, sämtliche Unterlagen schriftlich einzureichen und den Investitionsbedarf zu nennen. Das wurde von beiden umgehend erledigt. Nach etwa 2 Wochen riefen die beiden den Kundenbetreuer an: Er versicherte, dass er alles bearbeitet habe und er nun die Sachen an die Marktfolgeabteilung (bitte wer weiß, was dass ist, wenn er sich im Bankgewerbe nicht auskennt) weitergeleitet habe. Von ihm aus sei alles in Ordnung. Man würde wieder von ihm hören. Drei Wochen geschah nichts. Dann auf einen Anruf hin, bekam das Paar ein Schreiben (Textbaustein) mit weiteren noch einzureichenden Unterlagen.

Thomas, Firmeninhaber
Er sah im Internetbanking, dass seine Konten mit insgesamt 1.500 Euro Zinsen belastet wurden. Das erschien ihm fehlerhaft. Angerufen bei der Bank: Ja, da haben Sie eine Abrechnung bekommen. Schauen Sie die mal genau an. Die Abrechnung lag ihm aber nicht vor. Er solle dann bitte warten, bis ihm diese vorlag. Natürlich kam sie nicht, ohne vorher noch zweimal anzurufen. Dann sah er den Fehler und rief an. Sein Kundenbetreuer war in Urlaub. Die

Vertretung völlig überlastet. Hartnäckig wie er war, schrieb er den Vorgesetzten an, ohne Reaktion. Erst nachdem der Vorstand eingeschaltet wurde, wurde die Hälfte des Betrags erstattet, mit dem Hinweis, dass die Kontrolle des Vorgangs teurer sei, als diese Erstattung.

Ich selbst habe zuletzt folgendes erlebt:
Ich habe in einem Modegeschäft, recht klein, in Düsseldorf eingekauft. Ein komplettes Ensemble. Ich wollte aber noch Schuhe kaufen. Also bat ich die Verkäuferin, die bereits bezahlten Waren zurückzustellen, ich käme sie abholen, sobald ich im Geschäft drei Häuser weiter gewesen wäre. Ihre Antwort: Wir sind kein Aufbewahrungsinstitut. Auf meinen Hinweis hin, dass ich mit diesen Tüten riesige Probleme haben werde nur etwas aus dem Regal zu nehmen, patzte sie zurück: Tja, da kann ich Ihnen nun nicht helfen.

Kaya am Flughafen:
Bei der Dame handelt es sich um eine Trainerin, die quer durch Deutschland unterwegs ist. Nach einem langen Tag kam Sie im Flughafen an, wollte gerne etwas essen und trinken, bevor ihr Flug ging. Das einzige Restaurant, in dem es auch Service gab, war bis auf den letzten Platz belegt. Also auf in den Selbstbedienungsbereich. Mit einem kleinen Koffer und einer Tasche für Flipcharts und einer Handtasche

bewaffnet konnte sie nun nicht alle Sachen an einen freien Platz tragen. Die Bitte an die Thekenkraft: Können Sie mir behilflich sein oder vielleicht eben auf meinen Koffer schauen, erhielt sie die Antwort, das dies >ein Selbstbedienungsladen< sei.

Schön und interessant sind auch immer folgende Situationen:
Man geht alleine einkaufen: Probiert ein Kleidungsstück an und stellt fest, es passt nicht. Also: alles wieder anziehen, raus aus der Umkleidekabine, neues Teil holen, anziehen…… kein Verkäufer in Sicht. Nur wenn es darum geht, die Personalnummer auf das Etikett zu schreiben, dann tauchen sie wie aus dem Nichts auf.

Oder im Baumarkt:
Bis wir einen Verkäufer gefunden haben, sind wir mehrfach den Gang entlang gegangen. Und siehe da, es nähert sich jemand. Gefragt: Wo finde ich…..? Die Antwort lautet: ich bin für diese Abteilung nicht zuständig. Schauen Sie aber mal, der Kollege müsste gleich kommen. Man findet ihn und erhält eine komplizierte Wegbeschreibung zum Produkt. Findet es nicht und erhält die Antwort: wenn Sie es hier nicht finden, dann haben wir es wohl nicht mehr.

Im Hotel:
Ein namhaftes Hotel in Deutschland:

Frühstücksbuffet. Man sitzt alleine am Tisch. Zieht los, holt das ein oder andere, frühstückt . Während dieses Vorgangs stellt man fest, dass einem etwas fehlt. Man steht auf, holt es, kommt wieder: Tisch abgeräumt. Man beschwert sich, hört: oh Entschuldigung. Konnte ich ja nicht wissen. Man zieht erneut los…….

In der Wellnessabteilung des Hotels:
Bei Buchung wurde die Reservierungsabteilung gebeten, einen Massagetermin und einen Entspannungstermin zu vereinbaren. Kein Problem, wurde erledigt. Die Termine waren unmittelbar hintereinander. Allerdings musste noch fünf Minuten Fußweg zurückgelegt werden. Daran hat die Reservierungsabteilung nicht gedacht. Man kommt beim 2. Termin etwa 10 Minuten zu spät an (denn anziehen musste man sich ja auch wieder…) und wird folgender Massen empfangen: Da sind sie ja, wegen des Termins konnte ich schon später Mittag essen gehen. Jetzt wird es noch später. Man darf Platz nehmen, das Licht geht aus, während des Zuknallens der Tür hört man: Angenehme Entspannung. Klang wie: schöne Hinrichtung.
An der Supermarktkasse
Man hat viele Dinge eingekauft. Man ist alleine. Eine große Herausforderung besteht darin, alle Sachen auf ein Band zu legen, schauen, dass nicht nachdem die Kassiererin alles über den Scanner gezogen

hat, gewisse Dinge kaputt gehen, oder die frischen Himbeeren von der Sektflasche zerdrückt werden. Bezahlen und …….einräumen. Nur was? Denn die Dinge, die der nachfolgende Kunde gekauft hat, kullern auch schon über das Band. Wenn man alles in den Einkaufswagen legt, ist man auch nicht besser bedient. Denn es gibt keine Zonen, in denen man das Gekaufte in Tüten oder Körbe packen kann. „Wir lieben Lebensmittel" heißt die Werbung von EDEKA. Aber offensichtlich keine Kunden.

Ebenfalls im Supermarkt:
Man stellt die Frage: Wo haben Sie…….? Ein gelangweilter Fingerzeig: Da oben. Da oben ist aber in etwa 2 Meter Höhe im Regal. Ah ja. Sehe ich aus, als ob ich so ohne weiteres etwas aus dieser Höhe aus dem Regal nehmen könnte?

In einem deutschen Unternehmen:
Guten Tag, wo finde ich Herrn ……? (Geschäftsführer) Ich habe einen Termin. Antwort: Im dritten Stock, den Gang entlang, letzte Tür rechts. Gut man geht los, stellt fest, dass man eine Zugangsberechtigung braucht. Kommt zurück: Ach ja, das habe ich vergessen. Warten Sie hier nebenan. Es dauert 10 Minuten. Die Dame kommt zurück: Es dauert noch 10 Minuten, Herr……hat sich verspätet. Nehmen Sie solange Platz. Sie geht unmittelbar. Ich schaue mich um: kein Stuhl vorhanden…….

Lieben Sie Ihre Kunden. Wagen Sie es.

Wie haben diese Kundenberichte auf Sie gewirkt? Ich wette Sie haben das ein oder andere Mal gelacht, manchmal wissend genickt und an die eine oder die andere Situation gedacht. Vielleicht haben Sie aber auch gedacht: So etwas käme bei uns nicht vor. Da wiederspreche ich Ihnen: Ich glaube, dass diese Dinge überall vorkommen. Allerdings seltener, wenn Vorgesetzte oder Chefs anwesend sind oder ganz oft ist diese Form des Umgangs schon so normal geworden, dass es gar nicht mehr so augenscheinlich ist. Ganz häufig lieben auch Chefs und Vorgesetzte Ihre Kunden nicht und sind gar nicht in der Lage, diese Einstellung zu leben und schon gar nicht zu vermitteln. Wenn man dann nachfragt, wird das mit den folgenden Worten abgetan: Der Kunde /die Kundin ist auch wirklich sehr anstrengend. Sie wissen ja gar nicht, was wir mit der/dem schon alles mitgemacht haben.
Dennoch: durchbrechen Sie diese wohlgeübte Routine. Gehen Sie einen ganz anderen Weg: Wagen Sie es und lieben Sie Ihre Kunden. Machen Sie einem ganz neuen Kundengefühl und einem neuen Lebensgefühl Platz.

Seine Kunden zu lieben erscheint einem zunächst als Wagnis. Was ist, wenn ich sie liebe, ich mich aber dadurch gar nicht mehr abgrenzen kann? Wenn sie immer mehr und mehr fordern? Wenn sie sich noch tyrannischer verhalten als bisher? Wenn sie überhaupt keine Grenzen kennen? Wenn sie mich noch häufiger wie einen persönlichen Leibeigenen behandeln?

Das wird nicht passieren. Ganz im Gegenteil. Sie werden die Erfahrung machen, dass Sie wirkliche Partnerschaften eingehen. Ihr Kunde muss nicht mehr mit aller Macht auf sich aufmerksam machen. Er muss Ihnen nicht mehr zeigen, was alles in ihm steckt und er muss Sie nicht mehr zwingen, ihn wahrzunehmen. Viele unverschämte Forderungen basieren darauf, dass Ihr Kunde wahrgenommen werden möchte. Er möchte Anerkennung, er möchte Wertschätzung. Das erzwingt er, in dem er sich so unmöglich und fordernd verhält.
Ein Kunde bemerkt aber auch, wenn Sie ihn lieben. Diese Haltung, wenn Sie sie wirklich leben, spiegelt sich sofort wieder: Sie werden für den Kunden unwiderstehlich. Er muss nicht mehr auf sich aufmerksam machen. Er wird im Gegenteil alles dafür tun, sich Ihre Wertschätzung zu erhalten. Wenn Sie es schaffen, diese Haltung komplett in ein Unternehmen einziehen zu lassen, nicht nur bei den Mitarbeitern, die im direkten Kundenkontakt stehen sondern abteilungsübergreifend, dann entsteht ein Kundensog. Sie werden keine aktive Neukundenakquisition mehr betreiben müssen. Das Wort Empfehlungsmanage-

ment wird für Sie eine neue Bedeutung bekommen. Und auch das brauchen Sie nicht mehr organisieren. Sie benötigen keine „Kunden werben Kunden-Aktionen" mehr. Sie müssen keine Gutscheine mehr verteilen, für die Kunden, die einen neuen Kunden werben. Sie bieten nämlich etwas, was im heutigen Zeitgeist schwer zu bekommen ist: Sie lieben Ihre Kunden.

Wenn Sie bisher verliebt waren, dann war es bestimmt nie so, dass Sie alle Eigenschaften Ihres Gegenübers gleicher Massen geliebt haben. Sehen wir einmal von der ersten Phase des Verliebtseins ab. Diese Phase ist mit rosaroten Wolken verbunden. Der oder die andere erscheint einem unrealistisch perfekt. Alles ist perfekt. Wir lernen ihn oder sie kennen, wollen auf ein Pferd steigen und unmittelbar ins Glück galoppieren. Diese Form des Verliebtseins weicht meist nach mehr oder weniger kurzer Zeit der reiferen Liebe. Der Liebe, in der wir um die Schwächen des anderen wohl wissen. Wir wissen dann ganz genau, dass es Höhen und Tiefen gibt. Das lässt uns aber nie eine andere Grundhaltung einnehmen. Wir haben einen großen Fundus Anerkennung und Wertschätzung für unseren Partner. Erst wenn wir diese Grundhaltung aufgeben, dann kommt es zu Schwierigkeiten bis hin zur Trennung. Unseren Kunden müssen wir aber nur eine Zeit aushalten können. Da sollte es eigentlich ganz leicht sein, ihn zu lieben.

Was allerdings hier nicht verschwiegen werden

darf und soll: Es gibt eine Voraussetzung, die Sie überhaupt erst in die Lage versetzt, Ihre Kunden zu lieben: Sie müssen sich selbst lieben können. Und nicht nur Ihre Eigenschaften, sie müssen Ihren Job lieben. Sie müssen Ihre Tätigkeit lieben und sicher sein, dass Sie beziehungsfähig sind. Wenn Sie da nur den geringsten Zweifel haben, dann gönnen Sie sich ein gutes Coaching. Finden Sie heraus, welches Thema Sie bearbeiten sollten. Das ist kein Problem, ein guter Coach erarbeitet mit Ihnen, wie Sie diese Erfolgsbarriere überwinden und er klärt mit Ihnen, was Ihnen gegebenenfalls im Weg steht.

Wichtig ist, dass Sie im Unternehmen alle in ein Boot einladen. Sie müssen eine Dienstleistungskultur wachsen lassen, die das Credo „Wir lieben unser Kunden“ immer wieder hervorhebt und lebt. Dieses Motto muss alle Mitarbeiter erfassen. Vom Hausmeister bis zum Chef. Jedem muss klar werden, dass er „Kunden“ hat. Die Kundenbetreuer die externen Kunden, die internen Abteilungen die Kundenbetreuer. Die Personalabteilung die Mitarbeiter (oft sitzen hier die heiligsten Kühe, die glauben, dass man sie permanent hofieren müsste) und die Chefs haben ihre Führungskräfte. Lässt man sich auf das Wagnis ein, seine Kunden wirklich zu lieben, dann werden viele Dinge überflüssig. Sie brauchen kein Outdoorcoaching mehr und auch keinen Hochseilgarten. Andere Dinge müssen auf dem Weg dieses Credo zu leben eingeführt werden: Mitarbeiter nach

Ihren Stärken und Ihren Wünschen im Sinne des Gesamterfolgs des Unternehmens weiterentwickeln. Mehr Selbstreflexion fördern, damit man seine eigenen Blockaden entdecken kann. Es ist immer noch unglaublich, aber es gibt auch im Dienstleistungsbereich, in dem der Mensch im Mittelpunkt stehen sollte, immer noch Einstellungen zu Menschen und ihren Potenzialen, die schier haarsträubend sind. Ein Geschäftsführer eines mittelständischen Unternehmens sagte einmal zu mir: Die Mitarbeiter sind grundsätzlich dumm und stehlen- entweder Zeit oder Geld. Ähnlich verhält sich das mit den Kunden. Man muss sie permanent klein halten, sonst tanzen sie einem auf der Nase herum. Es ist eigentlich völlig klar, dass man mit so einer Einstellung in Kundenbindung nicht sehr weit kommt. Manchmal braucht es nur eine gewisse Zeit, bis die Probleme auch durch die Öffentlichkeit erkennbar sind. Das sind dann häufig auch noch Unternehmen, die in ihrem Unternehmensleitbild angeben, dass der Kunde im Mittelpunkt steht. In einem Dienstleistungsunternehmen versteht sich das eigentlich von selbst. Eine starke Betonung macht einen eher skeptisch, denn das bedeutet, dass das Unternehmen explizit darauf hinweisen muss und deutet darauf hin, dass der Kunde es von alleine nicht wahrnehmen wird.

Wagen Sie es, bedeutet sich auf eine Veränderung einzulassen. Eine Veränderung, die sehr weitreichend ist und auch nicht von heute auf morgen initiiert werden kann. Es bedeutet, dass man zu einem neuen Gedankengut gelangt. Und wie immer, wenn man ein neues Verhalten adaptiert, dann ist das auch mit sehr viel Disziplin verbunden. Man muss sich immer wieder erinnern, dass man diese neue Einstellung „Ich liebe meine Kunden“ leben möchte . Das erscheint am Anfang mühsam, wenn Sie aber einmal die positiven Folgen erkennen, dann macht es nahezu süchtig. Jetzt werden Sie einwenden: Wohin mit meinem Frust? Wenn ich noch nicht mal mehr in meinem Büro vor mich hin schimpfen darf. Wenn ich nicht im kurzen Plausch mit der Vertriebsunterstützung über den unmöglichen Kunden X maulen darf. Wenn in der Nachfolgeabteilung nicht mehr zu dritt über die so doofen Vertriebler gehetzt werden darf? Ich behaupte aber, dass wenn Sie Ihre Kunden lieben und damit meine ich, wenn Sie wirklich diese Einstellung leben, dann werden Sie diesen Frust nicht mehr haben. Ihre Kunden spüren die veränderte Einstellung und werden Fehler, die sicher nach wie vor noch passieren sehr großzügig übersehen. Sie werden nicht mehr laut schreien, auch nicht symbolisch, um auf sich aufmerksam zu machen. Und das unterscheidet die Philosophie „Ich liebe meine Kunden“ beispielsweise von der Kindererziehung. Kunden wollen nicht ihre Grenzen austesten. Kunden sind erwachsene Menschen. Sie wollen Anerkennung und Wertschätzung. Wenn sie diese spüren, dann ist der Rest leicht. Klar sind nicht immer alle Wünsche des Kunden zu befriedigen. Wobei in einem Dienstleistungsunternehmen ist eigentlich fast alles möglich. Wenn aber Ihr Kunde weiß, dass er geachtet und geschätzt wird, dann wird er mit einer Umformulierung seiner Wünsche umgehen können. Da werden Sie mir jetzt entgegen halten: Wenn ich an die vielen Vorstandskunden denke, deren Wünsche immer unmittelbar erfüllt werden, dann kann ich nicht feststellen, dass die zufriedener und leichter zu handhaben sind, als die anderen. Ja natürlich! Denn diese Kunden wissen, dass sie sich die Wertschätzung erkämpft haben. Also machen sie gleich klar: Damit bloß keiner auf die Idee kommt, mich diesen Kampf nochmal kämpfen zu lassen, verhalte ich mich gleich einschüchternd. Das ist nicht mehr nötig, wenn er in dem Urvertrauen lebt, von Ihnen geliebt zu werden.

Sie sehen, es bedeutet viel Mühe sich zu verändern. Aber : Es lohnt sich. Sie bekommen für Ihre Mühe eine gute Entlohnung: Treue Kunden , mit denen sie Jahr für Jahr Ihren Deckungsbeitrag erzielen können. Deshalb: WAGEN SIE ES!

Was bedeutet Lieben?
Das Wort mit Leben gefüllt.

Gut, ok, werden Sie jetzt sagen, dann liebe ich jetzt meine Kunden. Mit der bloßen Kundgabe ist es da nicht getan. Es gehören natürlich zu der richtigen Einstellung auch die richtigen Taten, bzw. das richtige Verhalten. Verhalten muss gelebt werden. In Worten und in Gestik und auch in Äußerlichkeiten. Fangen wir mit den Äußerlichkeiten einmal an: Seine Kunden zu lieben bedeutet, sich exklusive Manieren anzueignen. Knigge sollte nicht länger als altbacken abgetan werden. Ganz elementare Dinge sind natürlich selbstverständlich. Das habe ich allerdings in meiner Tätigkeit immer öfter anders erlebt. Wenn ich einen Gesprächspartner begrüße, dann gebe ich ihm die Hand. Auch bei drei anwesenden Leuten klopfe ich nicht jovial auf den Tisch. Man stellt sich mit Vor- und Zunamen vor. Bei überreichten Visitenkarten sollte man es mit der asiatischen Kultur versuchen. Behandeln Sie sie mit Achtung und schreiben Sie keine Stichworte auf die Rückseite. Man beachtet genau die Reihenfolge der Begrüßung und benutzt alle Titel. Auch diese Dinge haben mit Wertschätzung zu tun. Nun zu einem anderen heiklen Thema: Kleidung: Kleidung ist eine Form der Wertschätzung. Aber übertreiben Sie es nicht. Passen Sie die Wahl der Kleidung Ihren Kunden an. Damit meine ich, wenn Sie beispielsweise Baustellen besichtigen, dann gehen Sie nicht mit Fliege. Versuchen Sie nicht, durch Kleidung ihren Gesprächspartner einzuschüchtern oder sich in den Vordergrund zu stellen. Andersherum aber zeigen Sie sich nicht in nachlässiger oder alter Kleidung. Auch das zeigt Wertschätzung. So hatte ich zuletzt ein Bankgespräch, in dem der Bankbetreuer, so glaube ich, noch den Anzug seiner ersten heiligen Kommunion trug. Dazu ein Hemd, das an den Armen viel zu kurz war. Das ist nicht ok. Bewirtung gab es nicht. Weder ein Glas Wasser noch eine Tasse Kaffee. Völlig inakzeptabel sind auch verstaubte Kaffeetassen, eingestaubte Gläser oder weiche Kekse. Das sind alles Formen eines Gastgebers, der seinem Besuch keine besondere Bedeutung beimisst. Ich hatte mal einen Chef, der trug konsequent abgetragene und ungeputzte Schuhe. Er fand sein unkonventionelles Verhalten klasse. Boten uns Kunden zum Gespräch Kuchen an, so nahm er gerne an, sprach mit vollem Mund und ließ die Hälfte stehen mit eindeutigem Urteil. Unmöglich. Kundenbindung war hier von Anfang an ausgeschlossen. Also wenn Sie Ihre Kunden lieben wollen, dann setzen Sie nicht auf außergewöhnliches und unkonventionelles Verhalten, sondern auf Bescheidenheit und den guten alten Knigge und das, was uns schon unsere Großmütter lehrten. Damit sind Sie immer noch weit vorne. Auch Ihre Gestik sollte angepasst sein. Zeigen Sie keine ausschweifende übertriebene Gestik. Bescheidenheit ist immer noch ein Gewinn. Jemanden zu lieben bedeutet ihn in den Vordergrund zu lassen. Auf ihn einzugehen. Es bedeutet nicht, ihn einzuschüchtern und zurückzusetzen. Wertschätzung ist das Zauberwort. Wertschätzung ist auch, auf der Ebene meines Kunden zu bleiben.

Hier gilt gerade für Frauen, nicht in die Rolle des kleinen Mädchens zu schlüpfen. Es gibt ganz viele Dinge, die sind süß, wenn man vier Jahre alt ist. Die sind aber im Geschäftsleben absolute don'ts. Begegnen Sie Ihrem Gesprächspartner auf gleicher Höhe in dem Wunsch, ein gleichwertiges, partnerschaftliches Verhältnis aufzubauen. Denn das ist Wertschätzung.

Aber nicht nur an diesen Dingen kann man Wertschätzung erkennen. Anerkennung und somit die Liebe zu Ihren Kunden erkennt man an vielen anderen Dingen: Hier kann man als nächstes das Thema der Kommunikation beleuchten. Hier ist Wertschätzung am aller deutlichsten zu spüren. Ein wichtiger Punkt ist aktives Zuhören. Hören Sie Ihrem Kunden sehr gut zu. Lassen Sie ihn aussprechen und zeigen Sie ihm, dass Sie ihm folgen. Ganz oft werden die Anliegen des Kunden bereits vorweggenommen. Angeblich, weil man ja genau weiß, was der Kunde möchte. Man hat sofort ein Bild im Kopf und schon hört man dem Kunden nicht mehr richtig zu. Das erlebt man immer wieder, auch wenn es vielleicht gut gemeint ist, ist es doch störend. So ereignete sich noch erst folgendes zuletzt: Ich wollte gerne für einen sehr feierlichen Anlass ein Outfit erwerben. Das habe ich gesagt. Zu einer weiteren Beschreibung meiner Vorstellungen kam ich nicht mehr. Mir wurden alle verfügbaren goldfarbenen Kleidungsstücke vorgelegt. Ich finde Goldtöne in Kleidung für mich persönlich entsetzlich. Daher schüttelte ich immer nur den Kopf. Mit dem Ergebnis, dass man mir sagte, es sei jetzt aber auch schwierig. Nein, ich habe nämlich im nächsten Geschäft genau das bekommen, was mir gefiel. Aber die Verkäuferin hat mich auch sehr genau gefragt, was ich denn wohl wolle. Also. Aktives Zuhören. Aber nicht nur zuhören ist wichtig. Fassen Sie immer nochmal zusammen, was der Kunde sagte, denn dann sind Sie ganz sicher, dass Sie ihn auch richtig verstanden haben. Missverständnisse gibt es schnell und es kostet immer viel Mühe, diese aufzuklären. Nehmen Sie sich für diese Analysephase sehr viel Zeit. Hören Sie zu, fassen Sie zusammen und fragen Sie. Fragen Sie mit offenen Fragen und lassen Sie Ihrem Kunden einen hohen Redeanteil. Unterstellen Sie so wenig wie möglich. Interessieren Sie sich für das, was der Kunde wirklich möchte.

Dazu noch ein Beispiel zu diesem Thema aus einer Arztpraxis: Eine Dame verlor sehr viele Haare. Ihr Hausarzt riet ihr, eine Haarwurzelanalyse zu machen. Sie rief beim Hautarzt an und teilte Ihr Anliegen mit. Man fiel Ihr ins Wort und nannte Ihr einen

Termin Als sie dort ankam, sagte ihr der Arzt, dass sie fünf Tage ihre Haare nicht waschen dürfte. Auf die Frage, warum man ihr das nicht mitteilte: Schulterzucken. Man vereinbarte einen neuen Termin. An diesem Tag teilte man ihr dann mit, dass man sehr verblüfft sei, dass sie das machen lässt, da es sehr schmerzhaft sei. Nach der wirklich sehr schmerzhaften Prozedur fragte die Dame dann, wann man denn jetzt sehen könne, warum ihr die Haare ausfallen, da lautete die Antwort: Gute Frau, hier können wir nur sehen, ob ihr Haarausfall genetisch bedingt ist. Die Dame ist ziemlich unfreundlich geworden, was ihr sicherlich den Ruf einer absolut unverschämten Patientin eingebracht hat. Unverschämt war aber hier eher, die Patientin nicht richtig wahrzunehmen und überhaupt nicht gemeinsam zu erarbeiten, welche Ergebnisse diese Untersuchung aufzeigen soll und welche Untersuchungen sich eignen. Der Arzt in diesem Fall hat übrigens hilflos gestammelt, dass die Krankenkasse eine andere Untersuchung nicht bezahlt. Eine besser geeignete Untersuchung hätte 22 Euro gekostet.

Wichtig ist den Kunden zu fragen. Damit man aber auch etwas fragen kann ist es gut, man geht nur bestens vorbereitet in solche Gespräche. Gerade beim Bestandskunden verfügt man über eine große Anzahl von Auswertungen und Zahlen und auch andere Daten zum Kunden. Diese sollte man quasi im Schlaf beten können. Denn nur wenn Sie optimal vorbereitet sind und nicht nur oberflächlich informiert, dann können Sie angemessene gute Fragen stellen. Ein Verkäufer, der zum Kundenbesuch fährt und keine detaillierten Zahlen kennt, bleibt besser zuhause. Denn das gehört zur Wertschätzung untrennbar dazu. Man sollte sich auch andere wichtige Informationen des Kunden merken, damit der Kunde nicht mehrfach die gleichen Dinge erzählen muss.

Also: die Analysephase ist denkbar wichtig. Wenn man das erfolgreich geschafft hat, dann ist noch offen, dem Kunden ein Angebot zu machen. Wir alle haben in Verkaufstrainings häufig gelernt, dass Kunden unter akuter Entschlusslosigkeit leiden. Gerade wenn es um Terminvereinbarungen geht. Deshalb, so lernt man, sollen Kunden nur jeweils zwei Alternativen aufgezeigt werden. „Wollen Sie lieber Dienstag oder Donnerstag? Wollen Sie lieber vormittags oder nachmittags?“ Das ist alles gut und schön. Aber unsere Kunden sind doch über das Kleinkindalter meist hinaus. Das deutet darauf hin, dass sie mit Alternativen nicht überfordert sind. Ich persönlich bin der felsenfesten Überzeugung, dass Kunden, die Sie so eingefangen haben, schon oft sehr unwillig zum Gespräch kommen. Denn ist es einem einmal bewusst geworden ist man oft sauer auf sich selbst, dass man wieder übertölpelt wurde. So ging es auch einer Dame in meiner Familie. Sie wurde von Ihrer Hausbank angerufen und wurde gebeten, einen Termin zu vereinbaren. Die Alternativen-Methode wurde angewandt. Sie machte sich Sorgen, was denn die Bank wohl mit ihr besprechen wolle. Sie ging schon leicht ärgerlich zum Termin. Der Berater erzählte über Gott und die Menschen, bis die Dame ihn fragte, ob er denn nun zur Sache kommen könne. Jetzt war sie regelrecht ungehalten. Er kam gar nicht mehr zur Angebotsphase, denn die Dame unterbrach das Gespräch und war nicht bereit ihm länger zuzuhören. Wenn Sie Leute zu etwas zwingen und selbst wenn Sie einen Trick anwenden, werden sie sich nicht geliebt fühlen. Mit dem Ergebnis: Kundenbindung bleibt ein Traum. Aus diesem Beispiel können wir auch ein weiteres Verhalten ableiten. Quälen Sie Ihren Kunden, wenn Sie ihn wirklich lieben wollen, nicht mit übertriebenem Smalltalk. Das ist sicherlich notwendig, wenn Sie Ihren Gesprächspartner überhaupt nicht kennen. Und auch in dieser Situation sollte man das nicht überstrapazieren. Versuchen Sie so feinfühlig wie möglich zu sein und versuchen Sie herauszufinden, über welches Thema Ihr Gegenüber gerne spricht. Bevor man aber zu einem Thema gar nichts zu sagen hat, gehen Sie zum Fragen über. Stellen Sie interessierte offene Fragen. So abstrus Ihnen das Thema vielleicht manchmal erscheinen mag, so sicher bin ich, dass Sie etwas lernen können. Und wenn es für den Fall ist, dass Ihnen nochmals ein Mensch mit diesen Interessensgebieten begegnet. Das ist etwas, was uns Menschen eigentlich auszeichnet. Neugierde und Wissbegierde. Ich weiß, dass das gerade Beschriebene eine Königsdisziplin ist. Ich habe Anfang des Jahres 2006 ein Seminar besucht. Das Seminar war schon grundsätzlich eine Fehlentscheidung. Dennoch kam ich in die Verlegenheit mit einer Dame beim Abendessen zu sitzen, mit der ich absolut überhaupt nicht die Lust verspürte, zu plaudern. Ich hatte schon gleich den Eindruck, dass wir über keinerlei Gemeinsamkeiten verfügen. Ihr Lieblingsthema waren Pferde und Hunde. Na, ja dachte ich: immerhin Hunde. Da ich selbst zwei habe, dachte ich, das Abendessen sei gerettet. Nun war sie aber wirklich völlig anderer Ansicht als ich. Also habe ich .begonnen, Sie zu fragen. Das Gespräch hat mich dann nicht ihren Ansichten näher gebracht, aber es hat mir einen Einblick in eine ganz andere Welt verschafft. Sie werden sich jetzt fragen: Wozu die Mühe? Die Frau war doch keine Kundin. Aber dieses Verhalten ist ein Menschenbild und keine reine Verkaufsmasche. Aber dazu in einem der folgenden Kapitel mehr.

Mit Menschen, die einem nicht völlig fremd sind insbesondere mit Kunden sollten wir uns solche Dinge ersparen. Sprechen Sie über das, was den Kunden interessiert. Was sein Leben ist und was ihm gefällt. Ganz oft sind wir beim Geschäftsthema gut dabei. Doch wer möchte schon mit der Tür ins Haus fallen. Ihr Kunde ist doch nicht nur ein Geschäftsmann. Er hat ein Privatleben. Damit sind wir beim nächsten

Punkt. Machen Sie sich aus allen Gesprächen konsequent Notizen. Was wurde besprochen? Natürlich soll es das Geschäftliche enthalten. Aber auch Dinge, die Sie quasi nebenbei erfahren haben. Schreiben Sie alles auf und lesen Sie es vor Ihrem nächsten Termin auf jeden Fall. Wichtige Termine sollten Sie überwachen. Lassen Sie so wenig Ereignisse wie möglich unkommentiert. Denken Sie an Geburtstage und andere wichtige Ereignisse. Hier bedarf es keiner großen Geschenke. Einfach ein paar persönliche Zeilen, die Sie möglichst per Hand schreiben. Hüten Sie sich vor anonymen Textbausteinen. Wenn es Ihr Unternehmen so vorgibt und ich weiß, dass das häufig der Fall ist, dann schreiben Sie einfach mit Ihrer Handschrift einen einzigen persönlichen Satz auf den Brief. Das wirkt nicht unprofessionell, wie viele behaupten. Das wirkt sehr persönlich und nett. So können Sie es mit allen Formschreiben, die Ihr Unternehmen verlassen und Ihnen zur Unterschrift vorgelegt werden handhaben. Greifen Sie auch öfter zum Telefonhörer. Mir ist bewusst, dass gerade der Innendienst jetzt aufschreit: Wir brauchen schriftliche Beweise! Dann avisieren Sie Ihr Schreiben. Eine ganz fürchterliche Geschichte ist mir aus meiner Bankzeit noch bekannt: Zweimal im Jahr wurden Unterlagen zu den wirtschaftlichen Verhältnissen der Kunden angefordert. Teilweise waren diese Schreiben unvollständig oder gar ganz falsch, aus unterschiedlichen Gründen. Dinge, die bereits vorhanden waren, wurden nochmals angefordert, Dinge von denen der Kunde uns mitgeteilt hatte, das sie nicht existieren wurden beharrlich weiterhin angefordert, Kunden die gar keine Kunden mehr waren wurden angeschrieben, einfach grausig. Diese Schreiben kamen stapelweise zur Unterschrift und man musste alle unterschreiben. Etwa drei Tage nachdem die Schreiben unser Haus verließen, schwappte eine Welle der Empörung in die Bank. Kunden beschwerten sich reihenweise. Das nahm unglaublich viel Zeit in Anspruch und war mit großem Ärger verbunden. Nachhaltig, denn oft rief nicht nur der Kunde an sondern auch sein Steuerberater. Der nächste Kundentermin und das war so gut wie sicher, startete damit, diesen Fehler zu besprechen. Prüfen Sie selbst, was Sie prüfen können und sensibilisieren Sie die zuständige Abteilung für die Folgen. Machen Sie solche Themen zum Unternehmensthema. Vergessen Sie aber nie, ein persönliches Wort auf so ein Schreiben zu setzen. Und wenn es nur ist: Ich würde mich sehr freuen, wenn wir zu diesem Thema telefonieren könnten. Gruß….oder: Herzliche Grüße……oder …..Ihrer Phantasie sind keine Grenzen gesetzt. Zeigen Sie Ihrem Kunden, was er Ihnen wert ist. Sagen Sie nie am Telefon: Das sind Standardschreiben. Die bekommt jeder. Das ist eine schiere Herabwürdigung. Das heißt übersetzt: Hier bekommen alle Kunden die gleichen Schreiben. Da machen wir keine Unterschiede. Das ist schlimm und zeigt keinerlei Wertschätzung. Selbst wenn es auf jeden Fall so ist. Denn über eines sind wir uns im Klaren: Wir können jetzt nicht jedem Kunden unser Anliegen in einem persönlichen Gedicht verpacken. Standardschreiben sind wirtschaftlich und müssen praktiziert werden. Die Abläufe müssen rationalisiert werden. Das ist nachvollziehbar. Wenn man seine Kunden liebt, dann meint das nicht, dass man automatisch blind wird für Deckungsbeiträge und wirtschaftliches Handeln. Nur der kleine Unterschied macht es aus. Sie müssen das Schreiben ohnehin unterschreiben. Also ist ein kleiner Gruß kein Aufwand. Sie suchen so und so oft einen Aufhänger um mit Ihrem Kunden zu telefonieren. Warum nicht dann? Zum Thema Telefon gibt es auch viel zu sagen: Wie melden Sie sich, wenn das Telefon klingelt? Ganz oft hört man nur den Nachnamen. Kurz und unfreundlich ins Telefon gesagt. Oder im Innendienst ganz oft üblich: Total genervter Name , manchmal noch mit vollem Mund. Wenn ich in einem Unternehmen anrufe, finde ich es schrecklich, wenn sich derjenige nur mit seinem Nachnamen meldet. Habe ich mich jetzt verwählt? Oder bin ich richtig? Habe ich den Namen überhaupt verstanden? Neulich in einer Behörde: Ich hörte nur den Nachnamen, sehr müde. Ich hatte gleich ein schlechtes Gewissen, ich hätte mich verwählt und jemanden geweckt….Eine andere Plage sind aber Unternehmen, die stereotype Ansagen, die bis zu drei Minuten dauern können abliefern. Unternehmen.....sie sprechen mit...... Was kann ich für Sie tun? Dann wird man weiterverbunden, es dudelt grausame klassische Musik im Hörer und schon geht es von vorne los. Überlegen Sie sich, was Sie Ihrem Kunden zumuten können. Bei einer Bank muss man sich aufgrund der vielen Fusionen häufig folgendes anhören: Sparkasse ...., Filiale....Sie sprechen mit ......was kann ich für Sie tun? Im Süddeutschen wird oft noch ein Grüß Gott dazwischen geschoben. Ja lieber Himmel. Das ist doch für einen Kunden uninteressant. Eine aussagekräftige herzliche Begrüßung, das ist die Lösung. Zugegeben: In den Krankenhäusern finden wir oft noch steinzeitliche Begrüßungen. In einer Universitätsklinik begrüßte man mich mit folgendem Wort: Pforte! Sehr barsch gesagt und auch relativ laut. Das ist die Minimallösung, um die es hier auch nicht geht. Denn das ist ebenfalls keine Wertschätzung. Da könnte statt „Pforte“ auch „wer stört?“ins Telefon gerufen werden. Also: Überlegen Sie sich eine kurze, herzliche Begrüßung, die Ihren Kunden nicht im Zweifel lässt, mit wem er es zutun hat, in aber auch nicht ins Koma versetzt. Zum Telefon gibt es noch etwas hinzuzufügen: Telefone verfügen heute schon über ein weites Feld der Technik. Es gibt Anruflisten, die erscheinen, falls man das Telefon nicht abnehmen konnte oder bereits gesprochen wurde. Nutzen Sie diese Funktion. Leiten Sie das Telefon auf jemanden um, der das Anliegen des Kunden entgegen nimmt. Rufen Sie zeitnah zurück. Stellen Sie Ihr Telefon nicht auf Ihr Handy um. Sie können sich nicht wirklich auf Ihren Gesprächspartner konzentrieren, wenn Sie z.B. im Auto sitzen. Auch die Geräusche eines Einkaufszentrums im Hintergrund sind unpassend. Ebenso unpassend ist es aber auch während eines Telefonats noch andere Dinge zu erledigen. Die begonnene E-Mail beenden, etwas unterschreiben und so weiter. Vereinbaren Sie dann lieber einen Telefontermin. Da hat Ihr Kunde Verständnis für, denn er weiß, dass Sie ihm dann uneingeschränkt zuhören können. Eine gute Planung und Organisation Ihrerseits macht solche Dinge möglich und versetzt Sie wiederrum in die Lage, persönlich in einem guten Zustand zu bleiben und nicht irgendwann wie ein kopfloses Huhn durch die Gegend zu rennen. Ich erinnere mich an einen Mitarbeiter in einem Unternehmen, der in Telefongesprächen mit dem Kunden mehrfach betonte, dass er jetzt über keinerlei Zeit verfüge. Sprach aber immer weiter und rief aufgrund der mangelnden Organisation seiner Arbeit unnötig oft beim Kunden an, um noch Dinge nachzufordern. Zeigen Sie Ihrem Kunden Wertschätzung, indem Sie ihm deutlich machen, dass Sie das, was Sie tun mit Ihrer vollen Kraft tun. Dazu macht es Sinn, wenn Sie Ihren persönlichen Antreiber kennen. Sollte dieser „Beeil Dich" sein, dann versuchen Sie an dieser Stelle zu entschärfen. Wenn Ihr Kunde spürt, dass er für Sie einzigartig ist, dann müssen Sie sich mit deutlich weniger Unannehmlichkeiten auseinandersetzen.

Die Telekommunikation versetzt uns heute in die Lage viele Dinge sehr viel persönlicher abzuhandeln, als es noch vor einigen Jahren üblich war. Wenn Sie heute ein schriftliches Angebot bekommen, dann machen Sie sich die Mühe auch Ablehnungen mitzuteilen. Hier reicht eine kurze E-Mail. Das kostet Ihrer Sekretärin nicht viel Zeit, hat aber große Wirkung. Es demonstriert Professionalität und gute Kommunikation. Auch Anfragen oder andere Schreiben von Kunden können Sie mit einer kurzen Antwort-E-Mail behandeln. Ich denke zum Beispiel an Personalabteilungen: Das Thema Bewerbungen ist bei der derzeitigen Arbeitslosenquote immer noch aktuell. Manchmal hören Bewerber wochenlang gar nichts von ihrer Bewerbung. Dann kommt eine Absage mit einem Standardtext. Klar werden Sie sagen, mit dieser Person kommen wir nie mehr in Kontakt. Falsch! Zum einen kann dieser Mensch ein Bild in der Öffentlichkeit schaffen zum anderen weiß man nie, ob man nicht doch nochmal in Kontakt kommt. Bewerber berichteten, dass Sie Absagen mit falscher Anrede bekommen haben. Hier wurde dann wohl vergessen, ein Textbaustein zu ändern. Das ein Erhalt einer Bewerbung bestätigt wird, kommt inzwischen häufiger vor. Oftmals lautet der Text dann: bitte haben Sie Geduld, wir warten alle Bewerbungen ab. Wenn man dann in das Anforderungsprofil der Stellenausschreibung schaut, liest man, dass individuelle Kundenbetreuung und Kommunikation wesentliche Punkte darstellen. Bei Standardtexten, die ein solches Unternehmen versendet, kommen mir aber Zweifel. Nett ist, eine kurze E-Mail zu versenden. Ein persönlicher Satz kostet genauso viel Zeit, wie einen Standartext zu versenden. E-Mail-Adressen sind heute völlig üblich und werden von jedem gerne mitgeteilt. Jetzt könnte es manchem Vorstand und Geschäftsführer leicht übel werden: Oh je, wenn alle meine Mitarbeiter beginnen eigene Texte zu entwerfen, dann sehe ich schon heute große Probleme auf uns zukommen. Die lange erarbeitete Unternehmenskommunikation ist dann in Gefahr. Das kann ich verstehen. Deshalb geht es darum, alle Mitarbeiter in dieser Art der Kommunikation zu schulen. Beim Thema Kommunikation sagt jeder: Da brauche ich kein Seminar, dass kann ich. Ich denke, dass man auf diesem Gebiet noch viel dazulernen kann. Hier gibt es so viele Möglichkeiten, Dinge so zu sagen, dass das Gegenüber sie auch im gemeinten Sinne versteht. Denn wir alle wissen: Wahr ist, was ankommt.

In diesem Sinne ist auch absolute Termintreue und Pünktlichkeit eine Äußerung größter Wertschätzung. Nichts ist unhöflicher, als zu spät zu kommen. Auch Dinge zu einem bestimmten Termin zuzusagen und nicht zu erledigen ist extrem unhöflich. Viele Unternehmen haben deshalb in Ihr Unternehmensleitbild diesen Punkt aufgenommen: Wir haben garantierte Bearbeitungszeiten, bei uns klingelt das Telefon maximal drei Mal, wir öffnen drei Minuten vor der Zeit ….Was mich immer noch verwundert ist, dass es sich um Selbstverständlichkeiten handelt. Diese zu betonen, finde ich wiedersinnig und das zeigt mir, dass die bisherigen Handlungen es erforderlich machten, die Dinge zu betonen. Einmal für den Chef, dass er sich erinnert, für die Mitarbeiter zur Erinnerung und für die Öffentlichkeit zur Wahrnehmung. Es gibt zwar die Lebensweisheit „Tu Gutes und rede darüber", aber das ist einfach ein Akt der Wertschätzung, der untrennbar mit einer guten Kundenbindung einhergeht. Wenn Sie Ihren privaten Partner lieben, dann betonen Sie auch nicht permanent: Schatz, ich bin pünktlich. Du kannst Dich darauf verlassen, dass ich die Dinge erledige. Nein, das sind Dinge, an denen man letztendlich festmachen kann, dass man geliebt wird. Ohne das der andere jeden Tag mehrfach sagt: Ich liebe Dich.

Die Philosophie „Ich liebe meine Kunden" mit Leben füllen bedeutet, auf den Kunden einzugehen, ihn nicht zu langweilen und ihm das entgegen zu bringen, was ihm ein Wohlgefühl verschafft: Anerkennung und Wertschätzung. Jetzt fallen Ihnen sicherlich sofort einige Kunden ein, mit denen das überhaupt kein Problem darstellt. Nicht nur kein Problem darstellt, sondern ein Vergnügen ist, diese

Philosophie umzusetzen. Wenn man sich die Zahl der Kontakte eines Außendienstmitarbeiters, bzw. eines Kundenbetreuers einmal anschaut und diese nicht nur hinsichtlich der Häufigkeit der Kontakte auswertet sondern hinsichtlich der angesprochenen Personen, dann wird man erkennen, dass jeder dieser Mitarbeiter Lieblingskunden hat. Das sind Kunden, die sehr häufig angesprochen werden. Da ist die Ansprache leicht und macht Spaß. Da weiß man, was man anbieten kann und da fürchtet man nicht, das man unwirsch behandelt wird. Oft kennen die Mitarbeiter auch private Details solcher Kunden. Die Abschlussquoten sind in diesen Fällen in Relation zu der Häufigkeit der Kontakte eher durchschnittlich. Dennoch erzielt man mit diesen Kunden einen hohen Anteil des Deckungsbeitrags. Ich hatte einmal einen Kollegen, der fuhr häufig freitags kurz vor dem Beginn des Wochenendes zu einem bestimmte Kunden. Die Abschlussquote hätte enorm sein müssen. Absolut betrachtet war das auch so. Im Verhältnis zu den häufigen Besuchen war es eher unter Durchschnitt.

Mit unseren Lieblingskunden zu arbeiten stellt keine Schwierigkeit dar. Zwar wird auch hier die Philosophie „Ich liebe meine Kunden“ nicht immer gelebt, aber wir sind näher dran. Ich erinnere mich allerdings an einen Kollegen, der über seine Lieblingskunden häufig in der übelsten Art und Weise schimpfte. Das war für ihn seine Art, seinen Stress abzubauen. Wenn wir aber die Philosophie richtig leben wollen, dann machen wir besser Yoga , Meditation oder treiben Sport. Das Motto „Ich liebe meine Kunden" mit den Kunden zu leben, mit denen bereits der Auftakt nicht gut verlief , stellt dann schon eine größere Herausforderung dar. Es gibt die Situation, dass man so wie man einen Menschen kennenlernt, unmittelbar eine Abneigung verspürt. Das kann an der Gestik liegen, dass kann an einer vielleicht ungeschickten Äußerung des Kunden liegen oder auch an der Art und Weise aufzutreten. Hier kommt die Herausforderung auf uns zu. Alles in uns sagt: Nein, den kann ich jetzt wirklich nicht lieben. Das ist eine entsetzliche Nervensäge. Meistens haben solche instinktiven Ablehnungen etwas mit uns selbst zu tun. Dinge, die wir bei anderen Menschen als sehr störend empfinden, lehnen wir in uns selbst auch extrem ab. Oder diese vermeintlich negativen Eigenschaften spiegeln uns etwas wieder, was wir auch an uns selbst überhaupt nicht klasse finden. Jemanden zu lieben bedeutet aber unsere Bewertungsmuster außer Kraft zu setzen. Das bedeutet, an dieser Stelle nicht zu werten und zu bewerten, sondern den Kunden in unsere Philosophie einzureihen und ihn zu lieben. Einfach unvoreingenommen und offen auf ihn zugehen. Im Lauf einer Kundenbeziehung können sich durchaus negative, sachliche Aspekte ergeben, die es einem nicht möglich machen, die

Kundenverbindung fortzuführen. Diesen Zustand wird aber kein ungelöstes Problem mehr auslösen. Wenn z.B. bei einer Bank aus wirtschaftlichen Gründen für diesen Kunden keine Kredite mehr vergeben werden können, dann ist das eine geschäftspolitische Entscheidung, die auf Sachinformationen basiert. Hier ist es aber wieder die Aufgabe, diese Entscheidung zu verbalisieren. Wenn wir mit der Philosophie „Ich liebe meine Kunden" agieren, dann hat diese Mitteilung einen ganz anderen Charakter als ein unpersönliches Schreiben: leider……

Grundsätzlich sollte jeder, der Kundenkontakte pflegt, seine Listen der letzten Monate einmal anschauen und dabei darauf achten, wen er lange nicht angesprochen hat. Wenn neue Produkte angeboten werden, dann gehen wir zunächst einmal zu unseren Lieblingskunden. Wenn wir aber alle Kunden zu unseren Lieblingskunden machen, dann ist unser Erfolg deutlich höher. Denn häufig nehmen unsere Lieblingskunden aufgrund des guten, vertrauensvollen Kontaktes gerne eines unserer Produkte. Sie sehen also, seine Kunden zu lieben ist keine wohlgefällige Emotion, die wir ausleben, wenn es uns passend erscheint. Es ist auch nichts, was wir einmal nebenbei machen können, so wie wir jemand die Tür aufhalten. Es ist harte, konzentrierte Arbeit. Wir konzentrieren uns nicht nur auf die sogenannten soft skills, sondern arbeiten auch an der Sache. Seine Kunden zu lieben bedeutet mit der emotionalen Intelligenz, die uns zur Verfügung steht zu arbeiten, aber auch die Sachinformationen, das Fachwissen und die Fachkenntnisse optimal vorzubereiten und das alles in Einklang zu bringen. Seine Kunden zu lieben ist eben doch eine Königsdisziplin.

Andere Kunden haben Sie nicht
Vom Bestandskunden und vom Neukunden

Andere Kunden haben Sie nicht! Wenn man als Kundenbetreuer oder als Außendienstmitarbeiter in einer Firma beginnt zu arbeiten, dann ist es meistens so, dass man einen Kundenstamm zugeordnet bekommt. Das geschieht in den wenigsten Fällen nach dem Kriterium der Persönlichkeit , sondern nach regionalen Einteilungen oder Fachgebieten . Dies erfolgt im Sinne einer gleichmäßigen Verteilung , nach der jeder in der Lage ist, den vereinbarten Deckungsbeitrag zu erzielen. Sie müssen also zunächst mit dem Vorgegebenen leben. In diesem Sinne haben Sie auch zunächst keine anderen Kunden und die, die Sie haben, müssen Sie lieben. Das bedeutet, dass Sie mit Ihnen arbeiten und kommunizieren müssen. Bei einem solchen Beginn sind Ihre Kunden für Sie Neukunden. Allerdings mit einer Besonderheit: Ihre Kunden haben schon Erfahrungen mit der Firma oder dem Institut, für das Sie arbeiten. Es gibt Erfahrungen und Erlebnisse, die diese Kunden an das Haus binden. Wenn eine gute Übergabe der Kunden erfolgte, dann sind Ihnen die Kunden im Großen und Ganzen auch wohl gesonnen. Zumindest sind Sie offen für den Kontakt mit Ihnen. Das ist Ihre Chance. Hier können Sie mit der Philosophie „Ich liebe meine Kunden“ agieren und sie in Ihren Bann ziehen. Der Bestandskunde ist nicht immer zwangsläufig ein einfacher Kunde. Im vorigen Kapitel haben wir aber schon gesehen, dass Sie ihn zu einem zufriedenen , ihnen wohlgesonnenen Kunden machen können. In aller Regel liegen Ihnen auch schon Informationen über den Kunden vor, die Sie auswerten können. Je aufmerksamer Sie solche Informationen lesen, je besser für Ihre Gesprächsvorbereitung. Sie können dann die richtigen Fragen stellen.

Nun ist aber heute meist mit jedem Job in der Kundenbetreuung oder einem Außendienst untrennbar verbunden, Neukunden zu akquirieren. Ein gesundes Wachstum sollte gewährleistet sein. Der von Ihnen zu erreichende Deckungsbeitrag macht es nahezu immer unentbehrlich, neue Kunden hinzuzugewinnen. Schon beginnt das Dilemma. Zunächst kostet es sehr viel Zeit einen neuen Kunden zu finden und es erfordert Geduld, Konsequenz und auch das nötige Quentchen Glück, zur richtigen Zeit am richtigen Ort zu sein. Neukundenakquisition ist eines der anstrengendsten Betätigungen. Zunächst muss man Adressen auswerten. Es müssen Ansprechpartner, Adressen und Telefonnummern stimmen. Das ist fast nie der Fall. Nach erfolgreicher Recherche entwickelt man einen entsprechenden Text. Auch das ist kreativer Ideeneinsatz. Nahezu kein Unternehmen verfügt über geeignete Textbausteine. Die vorhandenen langweilen einen oft zu Tode. Zeilenlang werde Vorteile des Unternehmens zitiert. Es werden Versprechungen abgegeben, die eigentlich unhaltbar sind. Emotionales wird weggelassen. Hat man diese Hürde auch überwunden, dann beginnt die Königsdisziplin: Das Nachtelefonieren. Natürlich gibt es eine Barriere in jedem von uns, sich die hundertste Ablehnung an einem Tage abzuholen. Wir müssen uns immer wieder selbst aufbauen und an unserer eigenen Frustrationstoleranzgrenze hart arbeiten. Jeglicher Unwillen wird vom Gegenüber am Telefon sofort erspürt. Es handelt sich nicht um ein eloquentes Pläuschchen am Telefon, sondern wirklich um anstrengende, intensive Arbeit. Ist der erste Kontakt gelungen, dann müssen Sie Überzeugungsarbeit leisten. Sie haben genau eine Chance. Denn wie wir alle wissen, hat der erste Eindruck keine zweite Chance. Sie müssen also alles was Sie haben in die Waagschale werfen. Ist Ihnen ein Abschluss gelungen und haben Sie einen Kunden dann gefunden, müssen Sie ihm zunächst zeigen, dass Sie ihn wirklich lieben. Am Anfang kann er das noch nicht erkennen. Er verhält sich fordernd und möchte aller Voraussicht nach eine „Belohnung" dafür, dass er Ihr Kunde wird. Dass heißt, Sie büßen ein Stück Ihres üblichen Deckungsbeitrags ein. Zusätzlich ist es notwendig, die entstanden Kosten für die Neukundenakquisition zu verdienen. Solange, bis Ihr neuer Kunde erkennt, dass er bei Ihnen wirklich in guten Händen ist. Um den Verlust aufzuarbeiten tut es dann Not, ihm ein zusätzliches Produkt oder eine zusätzliche Dienstleistung zu verkaufen. Wenn Sie Pech haben, war Ihr Kunde nur darauf erpicht, Ihnen das eine Produkt zu Sonderkonditionen abzukaufen. Danach möchte er nicht unbedingt weiteren Kontakt mit Ihnen pflegen, dass bedeutet, Sie haben gar nicht die Gelegenheit ihm zu zeigen, dass Sie ihn wirklich lieben. Das ist eine sehr anstrengende Geschäftsverbindung, die Sie wirklich viel Mühe und Geduld kostet. Die Frage, die sich immer stellt ist, wann Sie es schaffen, diesen Kreislauf zu durchbrechen.

Es ist dann doch viel einfacher mit den Kunden zu arbeiten, die sie haben. Die Erkenntnis führt dazu, dass Sie eben die lieben, die Sie haben. Im übrigen birgt es immer eine Gefahr, einen neuen Kunden mit einem Sonderangebot zu locken. Erfährt das Ihr Bestandskunde, ist der zunächst sauer. Zu Recht. Die Werbung einer großen Bank lautete in den letzten Wochen : Wir bieten Ihnen für Festgeld X Prozent. Allen. Nicht nur unseren Neukunden. Selbst wenn Sie Ihren Kunden lieben, ein sehr gutes Verhältnis vorhanden ist, dann ist der dennoch enttäuscht, wenn Sie einen Neukunden bevorzugen. Und man ahnt manchmal gar nicht, welches Netzwerk Unternehmer aber auch Privatleute haben, in denen solche Dinge besprochen werden.

Viel schöner und angenehmer ist es, einen Neukunden zu gewinnen, der von sich aus auf Sie zukommt. Der in einem seiner Netzwerke gehört hat, wie gut er bei Ihnen aufgehoben wäre. Da ist von Anfang an eine gute Atmosphäre. Sie können absolut auf

Augenhöhe miteinander sprechen. Denn Sie lieben Ihren Kunden und freuen sich, dass er den Weg zu Ihnen gefunden hat und Ihr Kunde möchte gerne Ihr Kunde werden. Wie erzeugt man einen solchen Sog? Vorab: es wäre völlig unrealistisch, dass Sie der neue Rattenfänger von Hameln werden, dem die Kunden aufgrund seiner unwiderstehlichen Ausstrahlung hinterher laufen. Aber Sie können die Kunden bekommen, die Sie in Ihrem Portfolio benötigen. Empfehlungsmanagement heißt das Zauberwort. Das haben wir natürlich in vielen Verkaufsschulungen schon gehört. Da wird erklärt, dass man einem Bestandskunden fünf Visitenkarten geben soll und ihn fragen soll, wem er die alle geben kann. Oder er möchte doch bitte fünf Namen nennen, die man dann anschließend ansprechen kann. Das empfinde ich ehrlich gesagt als Zumutung für unseren Kunden. Wer möchte wie in der Schule dann fünf Namen stottern, von denen man sich noch nicht mal sicher ist, dass diese Leute wirklich angesprochen werden möchten? Oder man steht dort mit den Visitenkarten und hat auch noch ein schlechtes Gewissen, wenn man sie dann wegwirft. Nehmen wir einmal das Beispiel eines Zahnarztes. Wenn man Patient bei einem wirklich guten Zahnarzt ist, dann ist man in hohem Masse zufrieden, denn gerade ein Zahnarztbesuch löst in vielen Menschen zunächst ein unangenehmes Gefühl aus. Jetzt ist ein Zahnarzt auch ein Arzt, den man nicht nur bei Beschwerden aufsucht, sondern in einer wie auch immer gearteten Routine. Nun stellen Sie sich vor, bei einem solchen Besuch erhalten Sie fünf Visitenkarten. Da schnappt man nicht über vor lauter Freude. Soll man seinem besten Freund die Karte zuschieben und sagen: Da kannst Du vielleicht mal hingehen. Warum sollte man das tun? Wenn Sie alles richtig gemacht haben, dass heißt Ihrem Kunden gezeigt haben, dass Sie ihn lieben und er diese Botschaft verstanden hat, dann ist das ein Menschenbild und eine Idee, die sich von ganz alleine verbreitet. Häufig werden solche Dinge dann in den jeweiligen Netzwerken erzählt. Genau dann, wenn es passt. Zu diesem Zeitpunkt wirkt das nicht aufdringlich und absolut angemessen. Mir hat auch ein Bekannter einmal eine Visitenkarte eines Versicherungsvertreters gegeben. Er sagte: „ Ruf den doch mal an". Der ist wirklich gut. Ja, aber was ist mit dieser Information? Viele Leute sind wirklich gut und ich rufe nicht alle an. Mein erster Gedanke war, dass der Bekannte sicherlich Provision erhält für diese Vermittlung. Aber ein ganz kritischer Punkt war, dass ich der Meinung war, ich brauchte gar kein Versicherungsprodukt. Mit der Aussage des Bekannten, dass der Vertreter wirklich gut sei, hat er bei mir kein Bedürfnis geweckt. In diesem Moment wäre es auch nicht hilfreich gewesen, der Vertreter hätte mich angerufen. Wenn man seine Kunden wirklich liebt und diese Einstellung jeden Tag ernsthaft lebt, dann erzählen Kunden freiwillig zu einem passenden Moment über Sie. Dann erreicht Sie irgendwann diese Welle. Aus allen diesen Ausführungen ergibt sich, dass man besser den Großteil der Energie auf den Bestandskunden fokussiert. Und wir sind uns sicher einig, dass es nicht reicht, seine Liebe ab und zu einmal anzusprechen.

Seine Kunden zu lieben, bedeutet ein Menschenbild und ein Verhalten permanent zu leben . Der Kunde muss es in allen Ihren Handlungen erkennen können. Wenn dann noch Energie übrig ist, dann kann man es in die Akquisition von Neukunden stecken. Das hört bezüglich der Gewinnung von Neukunden nach einer sehr passiven Haltung an, die manchem Vertriebsleiter oder Chef gar nicht gefallen wird. Ganz so ist es auch nicht. Wenn Sie einmal diese Philosophie verinnerlicht haben, dann können Sie sie perfektionieren. Perfektionieren bedeutet, dass wo immer Sie gerade sein mögen, Sie eine Ausstrahlung entwickeln, die genau diese Philosophie widerspiegelt. Dazu müssen Sie sich natürlich in der Öffentlichkeit zeigen. Wenn Sie der Chef sind, dann zeigen Sie sich Ihren Mitarbeitern und Ihren Kunden. In einigen Unternehmen kennt man den Chef nur vom Foto. Gut, das ist bei großen Konzernen nicht anders lösbar. In mittelständischen Unternehmen ist es leichter. Und häufig ist gerade da eine Anonymität zu finden.

Sich zeigen bedeutet, die Plattformen die man hat, zu nutzen und auch dort seine Einstellung zu leben.

Als Kundenbetreuer und Verkäufer müssen Sie sich in Ihrem Umfeld zeigen. Das ist richtige PR-Arbeit. Gehen Sie dorthin , wo Sie Ihre Kunden treffen. Nehmen Sie Einladungen an. Gehen Sie zu Veranstaltungen und Vorträgen. Messen und Wirtschaftstage eignen sich immer. Lesen Sie Literatur, die auch Ihre Kunden lesen. Ein Top-Verkäufer informiert sich, was es in der Branche des Kunden Neues gibt. Ziehen Sie aus dem Internet Unternehmensphilosophien und Leitbilder. Diskutieren Sie mit Ihrem Kunden. Und nie dürfen Sie Ihre Maxime vergessen: Ich liebe meine Kunden. Das muss in Ihnen wachsen und leben. Da gibt es keinen Unterschied zwischen „Privat" und „Beruf". Der wichtigste Faktor für Sie ist, dass Sie authentisch und wahrhaftig handeln. Das können Sie nur, wenn Sie fleißig üben. Wie sagte Reinhard Mey einmal in einem seiner Lieder: „Was man nicht kann, das man nicht übt". Sie werden eine unwiderstehliche Anziehungskraft auf Menschen ausüben. Wenn Sie Ihre Philosophie verinnerlicht haben, dann wird sich automatisch die Anzahl Ihrer negativen Erlebnisse verringern und die Zahl der positiven Erlebnisse erhöhen.

Zu Beginn ist wichtig, dass Sie ein gutes Feedback haben. Engagieren Sie einen guten Coach, der mit Ihnen Ihre Außenwirkung und Ihre Ausstrahlung optimiert. Machen Sie intensives Videotraining , damit Sie ein gutes Gefühl für Ihre Erscheinung und Ihr Auftreten bekommen. Aber ganz wichtig: Sichern

Sie Ihre Wahrnehmung durch ein externes Feedback ab. Desto besser Sie sich selbst kennen, desto besser können Sie Ihre Kunden lieben. Sie sind dann sehr gut in der Lage zu erkennen, was es mit Ihnen selbst zu tun hat, wenn Sie sich ärgern. Welche Verhaltensweisen Ihnen wirklich auf die Nerven gehen und wie Sie Ärgernisse umdeuten können. Das hat natürlich etwas damit zu tun, welches Handwerkzeug in Sachen Kommunikation und Stressbewältigung Ihnen zur Verfügung steht. Auch eine sensible Beobachtungsgabe ist sehr hilfreich. Viele Schulungen zielen sehr intensiv darauf ab, Kenntnisse zu erwerben, wie ich mit anderen umgehen kann und welche Theorien mir helfen, die Kommunikation zu verbessern. Nur eines steht meines Erachtens immer noch etwas zurück: sich selbst genau zu kennen. Auch seinen blinden Fleck. Und dann natürlich mit dem Wissen und diesen Kenntnissen auch umzugehen. Sich persönlich weiterzuentwickeln halte ich für den größten Erfolg und ist die Grundvoraussetzung für die Liebe zum Kunden. Denn auch aus dem Privatleben wissen wir, dass nur der lieben kann, der sich selbst liebt. Hier meine ich nicht die Leute, die sich selbst für das größte Geschenk halten und aufgrund Ihrer Größe ein externes Feedback heftig ablehnen, sondern Menschen, die Ihre Schwächen und Ihre Stärken kennen, die in der Lage sind, umzudeuten und die Perspektive zu verändern. Manche Führungskraft ist gerade in der letzten Zeit an genau diesen Dingen gescheitert. In jeder Hinsicht gegenüber Mitarbeitern und Kunden. Wenn man an der Unternehmensspitze steht oder auch als Kundenbetreuer oder Verkäufer, ist man relativ einsam. Ein Feedback gibt es für den an der Unternehmensspitze fast nicht mehr. Gut, es gibt eine Fluktuation der Mitarbeiter, die man aber nicht unbedingt auf sich beziehen muss. Und Kunden gehen, so haben wir in einem der vorabgehenden Kapitel schon gelesen, fast immer geräuschlos. Manche beschweren sich zwar noch, aber auch das kann man sehr distanziert betrachten. Häufig , so haben wir auch schon erarbeitet, werden Beschwerden von einer ganz anderen Abteilung bearbeitet, deren Aufgabe nicht darin besteht, ein Feedback an den Betroffenen zu geben. Die Folge ist, dass wir immer weniger kritisches Feedback erhalten. Wir können uns also in unserem vermeintlichen Erfolg und in unserem Wohlgefallen sonnen. Dieses fehlende Feedback verleitet sehr schnell dazu, eine Haltung anzunehmen, die dem Umfeld gar nicht gefällt. Da man aber einsam ist, gibt es hier keine Rückkopplung. Wir können also ganz getrost so weiter machen wie bisher. Oft führt das dazu, dass wir Mitarbeiter beobachten und kritisieren, da uns Fehlverhalten auffällt. Auch an Kunden fallen uns viele Defizite auf. Alle sind Klienten nur wir selbst nicht. Ich habe diese Entwicklung schon in vielen Unternehmen beobachten dürfen. Immer mit Entsetzen über die extremen Folgen. Ganz oft unterläuft diesen Menschen in Ihren Karrieren ein so folgenschwerer Fehler, dass diese abrupt unterbrochen ist. Analysiert man das in der Nachbetrachtung, kommt man immer zu dem Schluss, dass die eigene Fehleinschätzung dorthin geführt hat. Es macht also durchaus Sinn, in regelmäßigen Abständen ein externes Feedback einzuholen und sich in Selbsterfahrung zu perfektionieren. Sobald man auf diesem Gebiet intensive Arbeit betreibt, bleiben Bestandskunden zufriedene Bestandskunden, die dafür sorgen, dass man einen Sog von Kunden oder Mitarbeitern erlebt, mit denen man dann gemeinsam wirtschaftliche Erfolge erzielen kann. Neukundenakquisition ist dann nur noch ein Thema, wenn man sich im Aufbau befindet. Hier gilt aber auch wieder: Lieben Sie jeden Kunden, den Sie gewinnen und lassen Sie ihn teilhaben an Ihrer Wertschätzung und Anerkennung um den Sog zu entwickeln.

Ausflug in die Transaktionsanalyse
Kurze Auffrischung der wichtigsten Inhalte

Wenn sich zwei Menschen über einen x-beliebigen Inhalt unterhalten, dann kommunizieren sie auf zwei Ebenen: Es wird der Inhalt ausgetauscht aber auch die Beziehung wird mit kommuniziert. Jeder der beiden sendet Signale und empfängt Signale. Jeder erfasst diese Signale und versucht zu erfassen, in welcher Beziehung man zueinander steht. Die dritte Ebene ist der Kontext, in dem man sich unterhält. Wenn wir uns bewusst zum Gespräch verabreden, dann kann man davon ausgehen, dass ein gegenseitiges Interesse am Gesagten besteht. Wenn Sie morgens beim Bäcker jemand völlig unvermittelt auf das Thema Kundenbindung anspricht, dann kann es durchaus sein, dass Sie Ihr Gegenüber für einen Spinner halten. Der Kontext ist also auch enorm wichtig.

Die Transaktionsanalyse (TA) wurde von Eric Berne, Tiefenpsychologe, in den sechziger Jahren entwickelt. Als Transaktion bezeichnet er jede verbale und nicht-verbale Kommunikation zwischen Menschen. Mit jeder Transaktion ist auch ein Austausch von positiven und negativen Zuwendungen verbunden. Was ausgetauscht wird und wie der Austausch funktioniert, untersucht die Transaktionsanalyse. Ursprünglich wurde diese Methode zu reinen Therapiezwecken entwickelt. Später erkannte man, dass sich dieses Modell hervorragend eignet, um Kommunikation zu analysieren. Eric Berne verzichtete auf lateinische oder griechische Fachbegriffe und wählte Begriffe aus unserer normalen Umgangssprache. Das ist auf der einen Seite eine sehr gute Sache, da die Begriffe dadurch leichter interpretierbar werden, was gleichzeitig den Nachteil darstellt, denn durch die einfache Wortwahl werden die Begriffe häufig als wertend erlebt. Alle Begriffe sind aber zunächst wertneutral gemeint und haben lediglich einen beschreibenden Charakter. Die Transaktionsanalyse ist in der Deutschen Wirtschaft sehr populär und sollte zum Weiterbildungsprogramm aller Firmen gehören. Da sie für den, der seine Kunden lieben möchte, ein unerlässliches Handwerkzeug ist, machen wir an dieser Stelle einen Ausflug in diese Theorie zur Kommunikation.

Wenn Sie mit unterschiedlichen Kunden, Mitarbeitern und Kollegen umgehen, dann wird dieser Umgang extrem dadurch erleichtert, wenn Sie auf deren Persönlichkeiten eingehen. Je besser Sie das beherrschen, umso mehr Sozialkompetenz schreibt man Ihnen zu. Dazu wiederrum ist es von Vorteil, mehr über die menschliche Psyche zu wissen, zu wissen, wie diese eigentlich aufgebaut ist und zu erkennen, welche Persönlichkeitsanteile vorhanden sind. Die Transaktionsanalyse nennt die verschiedenen Persönlichkeitsanteile der Psyche Ich-Zustände.

Sie unterscheidet den Eltern-Ich-Zustand, den Erwachsenen-Ich-Zustand und den Kind-Ich-Zustand.

Jeder dieser Ich-Zustände ist eine geschlossene Einheit von Denken, Fühlen und Handeln. Deshalb gibt es auch keine negativen oder schlechten Ich-Zustände. Alle Begriffe sind zunächst einmal wertneutral und rein beschreibend gemeint.
Das Kind-Ich bezeichnen wir oft auch als „Das Kind im Mann oder der Frau“. In diesem Zustand denken und fühlen und handeln wir genauso, wie wir es als Kind getan haben. Wir lachen, singen, jauchzen und tanzen und wir hassen, lieben, fühlen Schmerz, haben Angst , sind enttäuscht und eifersüchtig. Auch Kreativität und Spontanität sind im Kind-.Ich angesiedelt. Es handelt sich hier um die Strukturen, mit denen wir zur Welt gekommen sind. Es handelt sich also um unsere ursprünglichen psychischen Strukturen. Das Kind-Ich können wir noch unterteilen in das angepasste, das rebellische und das freie Kind-Ich. In der angepassten Haltung benehmen wir uns und halten uns an Regeln und orientieren uns an den Dingen. die andere von uns erwarten. In dieser Haltung sind wir aber auch ängstlich und haben Angst Fehler zu machen. In der entgegengesetzten Seite, dem rebellischen Kind-Ich orientieren wir uns ebenfalls an Normen und Regeln und rebellieren gegen diese. Das angepasste Kind-Ich schaut, was von ihm erwartet wird und bemüht sich, diesen Regeln zu folgen, das rebellische Kind-Ich schaut ebenfalls was von ihm erwartet wird und ist bemüht, diesen Erwartungen gerade nicht zu entsprechen.

Wenn wir im Eltern-Ich-Zustand agieren, dann agieren wir, wie es unserem Empfinden nach Elternfiguren taten, als wir noch klein waren. Elternfiguren sind unsere Eltern, die Großeltern, Lehrer und andere Autoritätspersonen. Es handelt sich hier lediglich um unser Empfinden. Das bedeutet nicht, dass sich diese Figuren tatsächlich so verhalten haben. Wir haben es nur in dieser Form erlebt und haben es in uns gespeichert. Unlöschbar. Wir haben also deren Verhalten ungeprüft in dieser Form verarbeitet. Das Eltern-Ich ist verantwortlich für alle Verbote, für Kritik und für Gebote. Es ist auch für freundlichen Zuspruch verantwortlich. Das Eltern-Ich kann man noch unterteilen in das kontrollierende Eltern-Ich und das fürsorgliche Eltern- Ich. Immer wenn wir uns um andere kümmern, wenn wir andere unterstützen oder in irgendeiner Form für andere hilfreich sind, dann sind wir in der fürsorglichen Haltung des Eltern-Ichs. Wenn wir in der kontrollierenden Haltung des Eltern-Ichs sind, dann ist das der Zustand aus dem heraus wir andere kritisieren und zurechtweisen. Auch klare Anweisungen werden aus dem Ich-Zustands des kontrollierenden Eltern-Ichs heraus gegeben. Wenn wir vom anderen erwarten, dass er sich in erster Linie anpasst und , unseren Erwartungen entspricht, dann befinden wir uns im kontrollierenden Eltern-Ich.

Immer wenn wir nüchtern und sachlich Fakten abwägen, dann besetzen wir das Erwachsenen-Ich mit Energie. Wir überlegen aus diesem Ich-Zustand heraus realitätsbezogen und arbeiten ähnlich wie ein Computer, nüchtern , sachlich und emotionslos. Wir wägen kühl und leidenschaftslos Möglichkeiten und Wahrscheinlichkeiten ab. Im Erwachsenen-Ich haben wir ausschließlich eigene Erfahrungen abgespeichert. Im Erwachsenen-Ich werden keine Unterteilungen vorgenommen. Hier werden nur Informationen aufgenommen und verarbeitet. Dieser Ichzustand ist am leichtesten an der Körperhaltung, der Mimik und Gestik und anhand der Worte, die benutzt werden zu erkennen.

Doch welchen Vorteil haben wir davon, wenn wir dieses Modell kennen? Kann es uns in irgendeiner Weise dabei helfen, unsere Kunden zu lieben? Ja! Wenn wir es lernen, die Signale der verschiedenen Ich-Zustände wahrzunehmen und die eigene Wahrnehmung in diese Richtung zu schärfen, dann sind wir in der Lage, uns in Kommunikationssituationen konstruktiv zu verhalten. Zwar haben wir im Eltern-Ich Dinge unlöschbar gespeichert, können aber trotzdem mit Hilfe des Erwachsenen-.Ichs bewusste Entscheidungen treffen, wie wir mit diesen Dingen umgehen möchten. Anhand der Transaktionsanalyse können wir hervorragend feststellen, warum Kommunikation manchmal sehr gut funktioniert und manchmal scheitert. Eric Berne hat nämlich auch dort einmal genauer hingeschaut und festgestellt, dass Kommunikation bestimmten Regeln gehorcht.

Berne versteht unter Transaktion in der Kommunikation jeden verbalen oder nichtverbalen Austausch zwischen mindestens zwei Menschen. Das kann sich in Worten, kritischen Blicken oder Gestiken wie z.B. Schulter klopfen oder Händeschütteln darstellen.

Berne spricht zum einen von paralleler Kommunikation. Hier befinden sich alle beteiligten Parteien im gleichen Ich-Zustand. Ganz gleich, in welchem Ich-Zustand wir uns befinden, solange wir aus dem gleichen Zustand heraus kommunizieren, ist die Kommunikation im Fluss und bleibt aufrecht. Die Qualität der Kommunikation ist damit nicht bewertet. Ob diese Kommunikation gut oder schlecht ist, da sei an dieser Stelle keine Aussage zu getroffen.

Desweiteren nennt Berne gekreuzte Transaktionen. Sehr oft haben wir schon erlebt, dass wir in ein Gespräch verwickelt sind, in dem wir die Reaktionen unseres Gegenübers nicht verstehen. Oder in dem wir denken, dass wir eine extrem blöde Antwort auf unsere Frage bekommen haben. Auch in unseren Kundengesprächen und Mitarbeitergesprächen stellen wir dies häufig fest. Nach Berne entsteht diese Situation immer dann, wenn wir selbst und unser Gegenüber verschiedene Ich-Zustände mit Energie besetzt haben. Die Kommunikation nehmen wir dann als schwierig wahr und häufig bricht sie sogar ab. Gekreuzte Transaktionen sind also Ausdruck einer gestörten und konfliktreichen Kommunikation. Gerade im Umgang mit Reklamationen und

Beschwerden finden wir eine solche Art der Kommunikation. Mit dem Wissen der Transaktionsanalyse sind wir aber in der Lage, die Störungen und Konflikte zu beseitigen. Wenn man die Ich-Zustände analysiert und feststellt, dass zum Beispiel aus dem Eltern-Ich ans Kind-Ich kommuniziert wird, dann kann man die Kommunikation durchkreuzen, in dem man aus dem Erwachsenen-Ich das Erwachsenen-Ich anspricht. Diese positiven Transaktionen sind bei Reklamationsgesprächen und Beschwerdegesprächen sehr wichtig. In jeder Transaktion, also in jedem Gespräch gibt es immer zwei Ebenen. Eine offen Ebene und eine verdeckte Ebene. Die offene Ebene ist die Ebene der Worte. Dann gibt es die verdeckte Ebene, das stellt dann oftmals die eigentliche Botschaft dar. Solange sich die offene Ebene mit der verdeckten Ebene deckt, ist es genug, eine Ebene zu betrachten. Interessant wird es, sobald wir zwei Ebenen wahrnehmen. Dann nehmen wir zum Beispiel durch den Tonfall oder die Mimik eine ganz andere Bedeutung wahr. Die offene Ebene ist dann nicht mehr die eigentliche Botschaft. Diese wird durch Gestik oder Mimik ausgedrückt. Verdeckte Transaktionen nannte Berne diese Form der Kommunikation. Verdeckte Transaktionen werden immer auf der psychologischen Ebene entschieden. Wir reagieren also in erster Linie auf die verdeckte Botschaft. Diese Kommunikation ist sehr schwierig. Den Gesprächspartner, der verdeckte Botschaften aussendet zu greifen ist sehr schwer. Er kann sich nämlich sehr schnell zurückziehen und beispielsweise sagen: Man wird das ja wohl noch sagen oder fragen dürfen.

Berne unterschied auch noch tangentiale Transaktionen. Häufig findet man das Phänomen, dass Gesprächspartner häufig das Thema wechseln um bei unangenehmen Auseinandersetzungen einen Konflikt zu vermeiden. Lässt man sich auf einen solchen Gesprächsverlauf ein, dann ist man bald sehr weit weg vom eigentlichen Gesprächsthema und der Konflikt ist wieder nicht gelöst. Ein probates Mittel ist hier, den Gesprächspartner ganz konsequent immer wieder zum eigentlichen Thema zurückzuholen. Immer wenn wir also kommunizieren, dann tun wir das aus einem bestimmten Ich-Zustand heraus. Streiten wir zum Bespiel, dann besetzt ein Gesprächspartner das kontrollierende Eltern-Ich mit Energie, der andere das rebellische Kind-Ich. Grundsätzlich sagte Berne, dass kein Ich-Zustand schlecht ist. Nun ist Streit aber selten etwas Positives. Wir sehen, dass es auf die Zielsetzung ankommt. Wenn sich beide Gesprächspartner im Erwachsenen-Ich befinden, dann stabilisieren Sie sich gegenseitig und das fördert eine sachliche Problemlösung.

Allerdings gibt es auch Teams oder Abteilungen oder gerade auch Kunden-Verkäufer-Beziehungen, die gekreuzte Transaktionen über Monate aufrecht halten. Der Kunde oder Kollege braucht dann nur zur Tür herein kommen und schon sind beide auf dieser Schiene. In Teams macht dann häufig eine Teamintervision Sinn, um die Dinge bewusst zu machen.

Was können wir hier für unsere neue Philosophie „Ich liebe meine Kunden, denn andere habe ich nicht“ lernen? Im Kapitel zum Thema Neukundenakquisition haben wir gesehen, wie schwer es ist, einen neuen Kunden zu finden und mit welchem Aufwand das verbunden ist. In diesem Kapitel haben wir beklommen festgestellt, das wir unsere Bestandskunden sehr gut pflegen sollten, um auch Neukunden gewinnen zu können. Wir können es uns also nicht leisten, bei immer wiederkehrenden Kommunikationsschwierigkeiten zu denken: Na, ja soll er doch gehen, mein Kunde. Es bliebe mir viel Ärger erspart, wenn er denn nicht mehr käme. Allerdings kosten solche Kommunikationsstrukturen viel Zeit und Geld und damit Ärger. Im Bereich der Mitarbeiter ist es ähnlich: In Deutschland ist der Fachkräftemangel ein wundes Thema. Da wir in den letzten Jahren nicht aus rosigen Jahren des Aufschwungs kommen, sondern eher aus einer bescheidenen Zeit, ist es auch so, dass Fortbildungen weniger begünstigt wurden und wir damit nicht ohne weiteres auf einen großen Pool von Fachkräften zugreifen können. Das bedeutet im Umkehrschluss, dass es immer mit Aufwand und Ärger verbunden ist, wenn man Personal verliert. Auch kostet die Einarbeitung eines neuen Mitarbeiters immer Geld und Zeit. Wenn man also mit einer sehr guten Kommunikation dazu beitragen kann, Kunden und Mitarbeiter an das Unternehmen zu binden, dann ist es gut, sich in die Transaktionsanalyse einzuarbeiten. Desto sensibler wir für Kommunikationsstrukturen sind, umso erfolgreicher sind wir. Es ist sehr sinnvoll, sich im Erkennen von Ich-Zuständen zu üben und zu festigen, um erheblich zum Gelingen von Kommunikation beizutragen. Hierbei kann man dann allgemeines Verhalten, Formulierungen, Tonfall und Sprechweise, Gesichtsausdruck und Gesten und Körperhaltung beobachten und zuordnen. Es ist durchaus erfolgversprechend , sich in diesem Thema sehr fit zu machen, durch beispielsweise konsequentes Training zu diesem Thema sein eigenes Verhalten in regelmäßigen Abständen durch ein externes Feedback absichern zu lassen. Gute Kommunikation kann man trainieren und dann ganz im Sinne der Philosophie „Ich liebe meine Kunden“ einsetzen.

Herzlichkeit statt Freundlichkeit
Herzlichkeit ist keine Methode

Freundlichkeit bedeutet, ein liebenswürdiges Verhalten an den Tag zu legen. Freundlichkeit erfahren wir bereits in vielen Dienstleistungsunternehmen. In den meisten Dienstleistungsunternehmen werden wir freundlich begrüßt und verabschiedet. Eine große Unsitte ist es geworden, dem Kunden mit der Verabschiedung „einen schönen Tag noch" zu wünschen. Häufig ist das der Art seelenlos, dass wir es schon nicht mehr wahrnehmen und stereotyp sagen: „ Danke gleichfalls". Wir benutzen tagtäglich viele dieser Floskeln. Wir sagen einstudierte Worte, ohne sie im Entferntesten ernst zu meinen. Ganz vorne steht dabei das Wort „gerne". Auf die Frage : Können Sie mich mit mit….verbinden ? hören wir: gerne. Sie haben mir sehr geholfen wird mit „gerne" verabschiedet. Gerne kann hier vielseitig interpretiert werden. „Das tut mir leid" ist ebenso ein gerne genutzter Ausdruck. Wir freuen uns, Ihnen mitteilen zu können, tief betroffen haben wir zur Kenntnis genommen….Die Liste der zwar freundlichen aber dennoch seelenlosen Worte ist unendlich. Freundlichkeit machen wir aber häufig an der Benutzung dieser Worte aus. Wenn wir uns aber von anderen abheben wollen dann ist es notwendig nicht nur freundlich zu sein. Reine Freundlichkeit kann dann nicht mehr reichen, wenn man zum Ausdruck bringen möchte, dass man seine Kunden liebt. Das bedeutet, dass wir alle seelenlosen Ausdrücke, die wir so gerne benutzen und die auch fest in unserem Sprachschatz verankert sind, ausfindig machen und entlarven. So zum Bespiel: Einen schönen Tag oder ganz grausam: einen charmanten Tag. Da hat sich schon einmal jemand Gedanken gemacht, dass „ein schöner Tag“ vielleicht von jedem gesagt wird. Aber was genau meinen wir mit „einen charmanten Tag“? Bedeutet das, dass wir selbst charmanter sein sollen? Man kann es nicht so genau sagen. Also: Besser ist, wir nutzen selbst eine Sprache, die wir mit echten Emotionen füllen. Dann sind wir herzlich. Zur Herzlichkeit gehört , dass wir in ganzen Sätzen sprechen. Nur dann kann eine Botschaft mit echten Emotionen gefüllt werden. Wenn wir unseren Kunden, Mitarbeitern und Kollegen sehr gut zuhören, dann benötigen wir keine stereotypen Sätze mehr, denn dann können wir individuell reagieren. Zur Herzlichkeit gehört in erster Linie, dass wir die Dinge, die wir sagen ehrlich meinen. Wenn wir die Philosophie unsere Kunden zu lieben ernst nehmen und aus ehrlicher Wertschätzung heraus kommunizieren, dann fällt uns das nicht mehr schwer. Dann fallen uns persönliche Worte leicht. Freundlichkeit kann immer auch eine Methode sein. Sie kann genutzt werden, um Menschen zu manipulieren und für sich einzunehmen. Wir können Sie benutzen, um eine höfliche Grundhaltung zu demonstrieren. Freundlichkeit kann man lernen. Man kann sie regelrecht einstudieren. Freundlichkeit geht mit Höflichkeit einher. Freundlichkeit fängt bei der Mimik an und hört bei den Worten auf. Wenn wir unseren Blick einmal in andere Länder schweifen lassen, dann sind es die Asiaten, die immer sehr freundlich agieren. Gleichzeitig kann man aber nie einschätzen, was sie wirklich denken. Das ist eben Freundlichkeit. In Asien ist man auch nicht so offen, was Kritik angeht. Man achtet darauf, dass der Gesprächspartner sein Gesicht nicht verliert. Deshalb bekommt man oft anstelle einer Antwort ein breites Lächeln. In England ist man ausgesprochen freundlich und höflich. Man pflegt grundsätzlich einen viel höflicheren Kommunikationsstil als bei uns. Es gibt im Englischen sehr viele Vokabeln, die Höflichkeit ausdrükken. Damit ist man in England aber nicht unentschlossener, man drückt es nur sehr viel wohlwollender aus. In Amerika ist man auch sehr freundlich. Dort ist man allerdings schon einen Schritt weiter. Man bemüht sich um Herzlichkeit. Herzlichkeit ist keine Methode. Herzlichkeit kann man nicht lernen oder einstudieren. Herzlichkeit ist ein Ausdruck eines gelebten Menschenbilds. Wir interessieren uns für den anderen aus ehrlichem Interesse, aus Liebe und verleihen dieser Philosophie Ausdruck in unserer Kommunikation. Wir finden herzliche und liebevolle Worte. Herzlichkeit setzt voraus, dass wir mit uns im Einklang leben. Gelungene Kommunikation setzt voraus, dass wir einen Zugang zu unserer Seele haben. Letztlich ist es die Kommunikation und Interaktion mit Menschen, die den wirtschaftlichen Erfolg bestimmt. Wenn es in einem Gespräch nicht nur um den Profit geht, sondern um den Menschen, dann werden neue Dimensionen der Kraft erschlossen. Wenn wir bewusst kommunizieren, dann gewinnen wir eine größere Nähe zum Gesprächspartner. Bewusst meint in diesem Fall seelenvoll und herzlich. Harmonie zwischen Gedanken, Worten und Taten erzeugt Kraft. Das bedeutet, dass wenn wir unsere Kunden lieben und wir tun das mit aller uns zur Verfügung stehender Macht, das heißt, das Gedanken und Worte und Taten dieser Philosophie folgen, dann entsteht eine neue Kraft. Eine Kraft , die uns gute Kunden beschert, die auch noch einen Sog erzeugen.

Im Moment herrscht in Deutschland ein völlig anderer Zeitgeist. Wir haben gelernt, zu kritisieren .Talkshows finden statt, um andere zu kritisieren. In aller Öffentlichkeit sagen sich Menschen, die sich nie vorher sahen ungeschminkt die Wahrheit. Die Moderatoren grinsen dümmlich zu noch dümmeren Aussagen. Aus meiner Tätigkeit als Coach und Trainerin weiß ich, dass Menschen sich sehr leicht damit tun zu kritisieren. Weniger leicht fällt es, etwas Positives zu sagen. Nach Aussage der Teilnehmer lernt man aus Kritik mehr. Komisch, ich dachte immer, dass man aus unterstützendem Lob mehr lernt. Das zeigt, in welchem Masse wir schon konditioniert sind. Im Job hat man das Feedback eingeführt. Eine schlimme Unsitte. Hier hat der Feedback-Geber das Recht, gegenüber dem Feedback-Nehmer uneingeschränkt Kritik zu üben. Der Feedback-Nehmer muss einem solchen Gespräch schweigen. Er darf sich nicht rechtfertigen oder die Dinge aus seiner Sicht darstellen. Er soll sich anhören, was der Feedback-Geber zu sagen hat. So weit so gut. Doch welcher Schaden wird hier angerichtet? Viele Führungskräfte nutzen ein solches Feedback aus, um dem Gegenüber endlich ungebremst die Meinung überzustülpen. Das der Feedback-Geber nicht zwangsläufig kraft seiner Position über die absolute Wahrheit verfügt, wird dabei völlig außer Acht gelassen. In solchen Gesprächen fehlt die seelenvolle Herzlichkeit. In dieser Form laufen auch viele Kundengespräche ab. Fehlende Herzlichkeit in der Kommunikation führt dazu, dass unsere Gespräche nur noch an der Oberfläche kratzen. Wenn wir andere Menschen nur kritisieren, dann fordern wir Ja-Sager heraus. Wir fördern, dass Menschen uns nach dem Mund reden und keine Emotionen zeigen. Mit seelenloser Kommunikation sind wir zwar freundlich, binden unseren Kunden aber nicht an uns. Woanders wird er auch freundlich behandelt, er vermisst aber nichts, wenn er keinen Kontakt mehr zu uns hat. Herzlichkeit löst ein Wohlgefühl in uns aus. Einen Zustand, den wir gerne verlängern möchten. So kommen Kunden gerne zu uns. Doch damit alleine ist es nicht getan. In Zeiten im größer werdender Entfremdung und sinkenden persönlichen Kontakts sind wir auf tiefer gehende Emotionen angewiesen. Schauen wir uns einmal ein Kreditinstitut an: Früher wurden am Schalter und an der Kasse persönliche Gespräche geführt. Man kannte seinen Kunden und wusste was ihn beschäftigt. Man wusste wann er heiratet, wer gestorben ist und was er plant. Dann haben Banken die Geld- und Auszugsautomaten erfunden. Gespräche nebenbei fallen weg. Das bedeutet, dass man seinen Kunden nun zu einem Gespräch einladen muss. Das hat den Vorteil, dass man sich im Vorfeld sehr gut überlegen kann, was man besprechen möchte. Andererseits empfindet der Kunde es sehr schnell als „Ausfragerei", wenn man ihn nach persönlichen Dingen fragt. Man muss also eine gute Verbindung zum Kunden haben, damit diese persönliche Ebene zustande kommt. Das kann man nur erreichen wenn man die freundliche Kommunikation durch eine herzliche Art der Kommunikation ersetzt. Vertrauen gewinnen wir nicht durch Freundlichkeit. Freundlich ist auch der Bäcker um die Ecke. Das gewährleistet aber kein individuell auf uns zugeschnittenes Angebot. Nur wenn wir persönliche Dinge preisgeben, weil man uns herzlich behandelt, dann kann man auf unseren Bedarf eingehen. Ohne die Information, dass wir beispielsweise für Marzipan sterben, kann er uns kein gezieltes Angebot machen und dafür sorgen, dass wir immer wieder in seine Bäckerei kommen. Fehlende Herzlichkeit sorgt in Unternehmen auch dafür, dass der Informationsfluss nicht wie gewünscht funktioniert. Wenn wir den anderen nicht tiefer gehend erreichen, dann bleibt unsere Kommunikation an der Oberfläche. Herzlichkeit wie gesagt kann man nicht auf Knopfdruck abspulen und manipulativ anwenden. Für Herzlichkeit muss man Menschen lieben.

Liefern Sie höchste Wertschätzung-
Ein Menschenbild

Um höchste Wertschätzung liefern zu können, braucht man ein entsprechendes Menschenbild. Nur wenn wir eine Vorstellung davon haben, wie wir Menschen grundsätzlich sehen und bewerten, dann können wir unser Verhalten daran orientieren. Das Menschenbild, das wir in uns tragen um perfekte Wertschätzung geben zu können muss beinhalten, dass wir davon ausgehen, dass Menschen grundsätzlich positive Absichten haben. Menschen nutzen immer die beste der ihnen zur Verfügung stehenden Möglichkeiten, um Dinge zu erledigen. Wenn Sie in einer für uns fremden Form agieren, dann verfügen Sie über keine kompetentere Möglichkeit. Menschen sind auch grundsätzlich motiviert, zu arbeiten. Sie suchen Zufriedenheit und Ausgeglichenheit in ihrer Betätigung. Kein Mensch ist von Natur aus faul und darauf bedacht, sich in keiner Weise zu betätigen. Menschen möchten auch grundsätzlich kommunizieren. Sich selbst mitzuteilen und sich über erlebte Dinge auszutauschen ist ein wesentlicher Inhalt ihres täglichen Lebens. Sich physisch oder geistig anzustrengen ist dem Menschen ebenso eigen, wie der Spieltrieb. Menschen müssen also nicht gezwungen, bedroht und kontrolliert oder bestraft werden, um die erwartete Leistung zu erbringen. Man kann davon ausgehen, dass Menschen es immer vorziehen, Eigenverantwortung und Selbstkontrolle zu übernehmen und das Sie grundsätzlich gewillt sind, Ziele zu erreichen. Zudem kann man weit mehr Einfallsreichtum und Kreativität finden, als man allgemein annimmt. Wenn man in dieser Haltung Menschen gegenüber tritt, dann ist Herzlichkeit kein Thema mehr. Dennoch stellen wir an uns selbst auch nur häufig genug fest, dass wir unser Gegenüber in Bausch und Bogen verurteilen. Wir treffen auf die neue Kollegin im Außendienst oder lernen den neuen Kollegen im Innendienst kennen und wissen automatisch, dass uns hier ein neuer lebenslanger Feind beschert wird. Wir können auch einen neuen Kunden kennenlernen und stellen unmittelbar fest, dass aus dieser Kundenbeziehung niemals mehr als ein kühle Verbindung wird. Wenn wir aber im Sinne der neuen Philosophie agieren wollen, dann müssen wir unser Menschenbild überprüfen. Okay, grundsätzlich habe ich ein positives Menschenbild und möchte meine Kunden lieben. Aber bei diesem einen geht es nicht. Wenn Sie in dieser Situation sind, dann hat sich ihr „innerer Kritiker" zu Wort gemeldet. Der Begriff des inneren Kritikers hat sich in der Psychologie durchaus manifestiert. Der innere Kritiker ist eine Flut von Gedanken. Er ist wie eine innere Stimme, die zu uns spricht. Der innere Kritiker sorgt dafür, dass sich unser Selbstvertrauen minimiert. Er versucht uns Glauben zu machen, dass wir viele Dinge nicht gut können. Er erinnert uns leise an Situationen, in denen wir uns unmöglich benommen haben, in denen etwas peinlich war und in denen wir uns mulmig fühlten. Er lässt uns keine Situation vergessen, in der wir uns nicht glänzend verhalten haben. Gnadenlos kritisiert er uns. Genauso gnadenlos fällt unser innerer Kritiker aber auch über andere Menschen her. Was uns der innere Kritiker verbietet, das gestattet er auch anderen Menschen in der Regel nicht. So kommt es dann vor, dass wir uns entsetzlich über einen anderen Menschen aufregen und im selben Moment zu unserem Lieblingsfeind erklären. Ich kann mich an einen Kollegen erinnern, der permanent schlechte Laune hatte und uns immer einen sehr gestressten Eindruck vermittelte. Selten sprach er in ganzen Sätzen, denn er musste sich immer beeilen. Man konnte ihm Zornesröte ins Gesicht treiben, wenn man sich in aller Ruhe in der Teeküche einen Tee kochte oder mit einem Kollegen plauderte. Da er sich selbst keine Pausen gönnen konnte, machte ihn das Verhalten bei anderen Menschen sauer. So auch im Kundenumgang. Sobald man in entspannter Atmosphäre mit dem Kunden in einem Gespräch war und er Gelächter vernahm, stürzte er auf den Flur und schimpfte lautstark über das ganze faule Pack, welches das Unternehmen noch in den Ruin treiben würde. Immer wenn wir jemanden spontan unsympathisch finden, dann hat unser innerer Kritiker diese Person vernichtend verurteilt. Das wirft ein interessantes Licht auf die unsympathischen Menschen. An diesen Menschen können Sie erkennen, was Ihnen Ihr innerer Kritiker verbietet. Damit Sie Ihr Menschenbild und Ihre Philosophie Ihre Kunden zu lieben leben können, gilt es den inneren Kritiker zu entschärfen. Hinterfragen Sie Ihre Antipathien. Überlegen Sie, was die Verhaltensweisen, die Sie beim anderen so deutlich ablehnen mit Ihnen zu tun haben. Das ist zugegeben eine Königsdisziplin.

Damit sind wir beim nächsten Thema. In jedem Beziehungsratgeber lesen wir heute, dass es sehr wichtig ist, sich selbst zu lieben, damit ich einen anderen lieben kann. Das liest sich ganz leicht. Da wir es auch schon tausendfach gelesen haben, winken wir ganz lässig ab. Dabei ist das nicht unbedingt eine leichte Disziplin. Wir müssen uns all die kleinen Schwächen und Fehler verzeihen. Wir müssen unseren inneren Kritiker kennen und ihn durch eine große Portion Selbstvertrauen ersetzten. Wir müssen uns mit den Dingen, die das Leben schwer machen arrangieren. Dürfen uns nicht mehr über ausgefallene Haare und zugenommene Kilogramms ärgern. Müssen uns die Situationen verzeihen, aus denen wir nicht als Sieger hervorgegangen sind und Machtverluste hinnehmen. Wir müssen uns auch damit arrangieren, dass wir nicht überall beliebt sind, aber immerhin respektiert werden. Die Liste der Dinge, die uns individuell quälen kann, kann endlos sein. Das alles bedeutet es, sich selbst zu lieben. Erst dann können wir andere lieben. Und lieben impliziert immer, dem anderen eine wertschätzende Haltung entgegen zu bringen. Doch was hat das mit unserem Menschenbild zu tun? Mit dem oben beschriebenen Menschenbild verbinden wir, wie wir über andere Menschen denken und urteilen. Wenn wir unsere Kunden lieben wollen, dann müssen wir uns selbst lieben können. Auf das Menschenbild bezogen bedeutet, dass wir uns auch selbst sehr gut kennen müssen. Wir müssen uns auf uns einlassen. Uns mit uns selbst auseinander setzen. Das muss in unserem Menschenbild integriert sein. Wir können unsere Philosophie nur perfektionieren, wenn wir an uns selber arbeiten. Uns selbst erfahren. Erst dann können wir erkennen, womit die Ablehnung eines anderen Menschen zusammen hängt. Wie es dazu kommt, dass wir bei allem guten Willen aber gerade diese Person so entsetzlich finden. Das Wort „Selbsterfahrung" löst in vielen von uns abenteuerliche und schauerliche Gedanken aus. Gedanken an abgehobene Menschen, die sich einer nicht nachvollziehbaren Lehre unterwerfen und aus unserer Sicht grauenvoll unrealistisch die Gegebenheiten ignorieren. Von solchen Dingen spreche ich hier nicht. Mit Selbsterfahrung meine ich, sich selbst ausreichend zu reflektieren. Sich selbst darüber klar zu sein, wer man ist und wo man steht. Das ist ein lebenslanger Prozess. Da reicht es nicht, immer mal wieder über sich selbst nachzudenken. Es macht Sinn, seine eigene Reflexion mit einem guten Coach durchzuführen. Das Eigenbild durch ein externes

Feedback absichern zu lassen. Für sich selbst immer wieder zu erforschen, warum ich trotz aller Mühe, die ich mir gebe nicht alle meine Kunden lieben kann. Ein solches Menschenbild, nämlich mich selbst und andere zu verstehen und zu lieben, das ist die Voraussetzung, um Menschen absolute Wertschätzung entgegen zu bringen. Wertschätzung ist die Basis um Höflichkeit und Freundlichkeit durch Herzlichkeit zu ersetzen, Herzlichkeit ist die Ausdrucksform für die Liebe zu meinen Kunden und diese Liebe der Grundstein und das Rezept für absoluten Erfolg in Kundenbindung und damit Erfolg im Geschäft.

Ich will so bleiben wie ich bin-
Ein Perspektivwechsel
Einmal auf dem Stuhl des Kunden sitzen

Nach allen bisher gelesenen Kapitel kann man sicherlich sagen, dass ist ja gut und schön. Ich bin eine ausgereifte Persönlichkeit. Ich bleibe mir treu und bin somit eine authentische Persönlichkeit. Das kommt besser an, als jemand, der sich permanent verändert. Das ist nachvollziehbar. Oft macht man sich in Unternehmen schon Gedanken, wie oft man jemand anders sein muss. Der eine Chef schätzt sehr selbstständige Mitarbeiter und möchte nur Ergebnisse sehen. Mit Problemen möchte er nur konfrontiert werden, wenn der Mitarbeiter sie nicht alleine lösen kann. Er reagiert ungehalten, wenn er dauernd involviert wird. Der nächste Chef wiederrum kann es überhaupt nicht ertragen, wenn er nicht über alles informiert wird. Er mischt sich überall ein und er setzt gerne Spitzel im Unternehmen ein, die ihm das zutragen, was er eventuell verpassen könnte. Man weiß als Mitarbeiter häufig gar nicht mehr, wo man steht. Mit jedem Chef soll man sich umstellen. Das wird natürlich nicht offen kommuniziert. Statt das ein Chef von Anfang an klar stellt, was er sich wünscht, werden Mitarbeiter im Dunkeln gelassen. Oft kann man auch die Art und Weise der Arbeit nicht verstehen. Da wird man in wirklich wichtigen Entscheidungen alleine gelassen und weiß als Mitarbeiter ganz genau, dass es sich um eine brisante Entscheidung handelt.

Da ist es gut, wenn man sich als Chef zurückzieht, dann kann man nachher die Schuld auf den Mitarbeiter schieben. Andererseits wird sich im negativen Sinn eingemischt, wenn es opportun wäre, dem Mitarbeiter den Rücken zu stärken. So ist das dann auch in der Kundenbetreuung. Ein fester Kundenstamm ist einem zugeordnet. Klar, dass der Chef den ein oder anderen Kunden in regelmässigen Abständen selbst besuchen möchte. Doch das kann man mit dem Mitarbeiter abstimmen. Oftmals gewinnt man von solchen Gesprächen dann den Eindruck, dass es sich um eine Art Elternsprechtag handelt. Oftmals hört man ein Feedback aus dem Gespräch, darf sich selbst nicht äußern und beschließt augenblicklich, seinen eigenen Weg zu gehen, da man es ohnehin nicht jedem recht machen kann. Erkennt man keine konsequente Art der Kundenbetreuung und Mitarbeiterführung, dann ist es nachvollziehbar, dass man so bleiben möchte, wie man ist. Veränderungen fallen jedem Menschen schwer. Veränderungen sind mit Mühe und Arbeit verbunden. Oftmals erkennt man den Vorteil, den man durch die Veränderung hat nicht unmittelbar. Das heisst man sieht die Anstrengung, aber nicht den Erfolg. Da kommt einem der alte „Du-darfst-Slogan : ich will so bleiben wie ich bin“ ganz zupass. Oftmals sieht man auch keine Not zu Veränderung, weil es einem an deutlichen Aufforderungen fehlt. Kunden gehen lautlos, dass haben wir festgehalten. Die geringe Anzahl Kunden, die sich beschwert, wird schnell in eine Schublade „nerviger Kunde“ geschoben. Damit ist das Thema erledigt. An Vorbildern mangelt es ohnehin häufig genug. Ganz oft wird das Verhalten gegenüber Kunden an merkwürdigen Dingen gemessen: Jemand der seinen geplanten Deckungsbeitrag erreicht, kann das wie eine Fahne vor sich hertragen. Damit ist er nicht mehr angreifbar. Fällt er durch besonders flegelhaftes Verhalten auf, wird sehr häufig sofort der Einwand vorgebracht, dass er aber gute Zahlen hat. Dabei schaut man oft nicht, was er beispielsweise durch ein anderes Verhalten noch erreichen könnte. Auch Führungskräfte werden an Hand Ihrer Abteilungsergebnisse gemessen. Soziale Kompetenz ist nicht zwingend in Zahlen messbar. Daher wird es oft völlig außer Acht gelassen. Die Fluktuation des Personals wäre ein guter Indikator. Krankenstände und allgemeines Betriebsklima sind weitere Indikatoren. Das wird oftmals aber gar nicht angeschaut.

Ich habe in einigen Unternehmen eine Philosophie vorgefunden, die ich für längst vergangen hielt. Da legte man wenig Wert darauf, dass sich die Mitarbeiter gut verstehen. Eine zerstrittene Mannschaft ist leichter zu beaufsichtigen als eine, die sich gut versteht. Es gibt aber auch die Unternehmen, die durch Kundenbetreuungskonzepte versucht haben, eine gute Kundenbetreuung zu gewährleisten. Man controllt die Zahl der Kundenkontakte und kontrolliert die Einhaltung der im Kundenbetreuungskonzept vorgegeben Zahlen. Das impliziert aber noch längst nicht, dass man seine Kunden liebt und entsprechend mit diesen umgeht. Auch das kann man nicht verordnen. Es handelt sich um eine Kultur, die gelebt werden muss und zwar von allen Mitarbeitern im Unternehmen. Betrachtet man all diese Argumente, dann kann man verstehen, dass Mitarbeiter sagen: ich will so bleiben wie ich bin.

Ein Perspektivwechsel macht das ganze durchschaubarer und einfacher. Setzt man sich auf den Stuhl des Kunden und überlegt, wie dieser sich fühlt und was er sich wohl wünscht, dann ist es oft ganz leicht, seine Strategie zu finden. Wir alle sind Kunden und wünschen uns möglichst perfekte Dienstleistungen. Wir sind enttäuscht, wenn unsere Wünsche und Anliegen nicht erfüllt werden. Das hat uns dazu gebracht, häufig den ganz unpersönlichen Weg der Bedürfnisbefriedigung zu wählen. Wir kaufen über das Internet. Am liebsten alles. Sogar Weihnachtsbäume. Dann kämpfen wir als Gesellschaft anschließend damit, dass die Entfremdung und alle damit verbundenen Probleme ansteigen. Und wir freuen uns, wenn wir im Geschäft gut bedient werden. Sogar Arzneimittel kann man jetzt ohne persönlichen Kontakt beziehen. Ein Gespräch mit dem Apotheker um die Ecke kann aber gerade wenn es einem nicht gut geht sehr gut tun. Durch diesen neuen Umgang fällt es uns immer schwerer, sich auf den Stuhl des Kunden zu setzen. Das muss man trainieren. Man entwickelt eine Art Betriebsblindheit, wenn man jahrelang mit einem bestimmten Produkt oder einer Produktgruppe umgeht. Ich möchte hier zwei Beispiele nennen. Arbeitet man jahrelang in einer Bank, dann ist eine bestimmte Verhaltensweise gegenüber Kunden geübte Praxis. Es gibt noch viele Banken, die Kredite „gewähren" und Sie in Anlagemöglichkeiten bevormunden. Die augenscheinlich Ihre Bedürfnisse kennen, ohne Sie ein einziges Mal danach gefragt zu haben. Das eigene Haus haben die Mitarbeiter im eigenen Konzern finanziert. Sie wissen überhaupt nicht mehr, wie das ist, wenn man zum Beispiel die Bankverbindung wegen Umzugs wechselt, man auf die EC-Karte drei Wochen wartet, Onlinebanking erst nach dem dritten Anruf funktioniert, Kreditlimite vergessen werden der Kreditkarte zu hinterlegen und man zum dreißigsten Mal die Zinsabrechnung für das Festgeld kontrollieren muss, da sie falsch ist. Auch Ärzte wissen nicht, wie es sich anfühlt, wenn man drei Stunden in der Notfallambulanz eines Krankenhauses wartet , man gefragt wird, auf wen man denn wartet und einem dann mitgeteilt wird, dass die betroffene Person einen wohl vergessen hat und vor zwei Stunden nach Hause gegangen ist. Es macht also immer wieder Sinn, die Leute mit den Situationen zu konfrontieren. Aus diesem Grund bin ich ein absoluter Verfechter von Job-Rotationen. Nicht wochenlang, das bringt den Betriebsablauf absolut durcheinander. Aber ein Freitag eignet sich immer sehr gut, mal in den Job und die Anforderungen des anderen reinzuschnuppern. Das macht auch für eine Führungskraft Sinn. Schauen Sie ruhig mal, wie es Ihren Mitarbeitern und Kunden geht. Sich in den anderen reinversetzen, einmal auf seinem Stuhl zu sitzen, dass ist etwas was man trainieren kann. So bekommt der Innendienst einen Eindruck, was es bedeutet mit Kunden umzugehen und was es heißt, seinen Tagesplan einzuhalten, wenn es permanent Ablenkungen gibt. Der Außendienst schaut noch einmal, mit welchen Problemen der Innendienst kämpft und so kann sich das durch die ganze Mannschaft ziehen. Ich erinnere mich an einen sehr heißen Sommer in nicht klimatisierten Räumen. Wochenlang war es unerträglich. Kunden flüchteten so schnell sie konnten. So kam eine Tages der Vorstand aus seinen klimatisierten Räumen zu uns in die Etage. Es war ohnehin ein herausragendes Ereignis, denn nur sehr selten kam es zu solchen Besuchen. Er stand vor uns, in zugeknöpftem Jackett und japste nach kurzer Zeit: Mein Gott, ist das hier warm. Unerträglich. Unsere Antwort lautete, dass es ja nun auch schon vier Wochen so warm sei, so dass wir es schon als normal empfinden würden. Er ging alsbald wieder und es gab die nächsten Tage kostenfreies Mineralwasser für alle Mitarbeiter. Manchmal macht es wirklich Sinn, sich einmal in einen anderen hineinzuversetzen. Uns ist leider die Intuition abhanden gekommen. Wir können das wieder schulen und merken dann unmittelbar im Kontakt, dass etwas nicht in Ordnung ist. Das den anderen etwas stört oder dass es eine Missstimmung gibt. Wenn wir unsere Intuition schulen, dann können wir uns ohne Probleme auf den Stuhl des anderen setzen und die Dinge einmal mit seinen Augen anschauen. Dann haben wir ganz andere Erkenntnisse und wissen intuitiv, was zu tun ist. So sparen wir uns Unternehmensberatungen, die tagelang durch unser Haus irren und mit der unglaublichen Weisheit beeindrukken, dass es uns an Kundenbindung fehlt und dass das Unternehmen neue Kunden braucht. Langezeit war es in der Mitarbeiterführung verpönt, sich in den Mitarbeiter hineinzuversetzen. Der Mitarbeiter hatte sich nach dem Unternehmensleitbild zu verhalten. Man erwartete, dass er mit Kunden sehr gut umgehen konnte, jedoch investierte man keine Zeit, sich in den Mitarbeiter und seine Wünsche hineinzuversetzen. Fortschrittliche Unternehmen führten Jahresgespräche, in denen abgeglichen wurde, ob der Mitarbeiter noch unternehmenskonform handelte. Sich in den anderen reinversetzen war etwas für „Weichgespülte“. Auch im Vertrieb war der egoistische durchsetzungsfähige Verkäufer gefragt. Heute weiß man, dass langfristige Zufriedenheit mit allen positiven Aspekten nur anders zu erreichen ist. Phänomene wie Mobbing, Burnout und Boreout haben weniger Chancen, wenn wir uns in andere reinversetzen.

Beschwerdemanagement ist eine Stelle, die nicht mehr durch eine Ganztagskraft besetzt werden muss und wenn man sie besetzen möchte durch einen in Kommunikation perfekt geschulten Mitarbeiter mit anderweitigen Coaching-Aufgaben besetzt wird. Jemand der Veränderungen im Verhalten mit Energie besetzt und an den auch Teamschwierigkeiten herangetragen werden. Sowohl in der Kundenbeziehung als auch in Mitarbeiterkommunikation (wir sind alle Kunden!) machen solche Dinge Sinn. Teamintervisionen und Supervisionen sollten für Unternehmen eine Selbstverständlichkeit werden, weil sie das sich in Andere hineinversetzen möglich machen und erleichtern und immer wieder die Vorteile dieses Handelns darlegen. Wir alle kennen Beispiele , in denen ein absoluter Egoist und Einzelkämpfer erstmal zum vermeintlichen Ziel kam. Er (oder sie) hat einen steilen Aufstieg vollbracht oder hat glänzende Vertriebszahlen erreicht. Dann irgendwann hört man von ihm, dass er das Unternehmen verlassen und jede Menge verbrannte Erde hinterlassen hat. Wie immer das in den einzelnen Unternehmen dann aussehen kann. So zum Beispiel habe ich einen Manager kennengelernt, der nur den Unternehmenserfolg im Auge hatte. Das schien ihm zunächst gut zu gelingen. Mitarbeiter, die nicht in dieses Konzept passten, wurden entlassen. Kunden, die nicht entsprechend handelten wurden vernachlässigt. Das ging drei Jahre gut, dann klappte das Kartenhaus zusammen. Er selber wurde sehr krank, als man seine Defizite erkannte. Ein neuer Geschäftsführer wurde ernannt und man ging ganz anders an die Dinge heran.

Wenn man sich nie in andere hineinversetzt und sich nie mit anderen Menschen beschäftigt, dann hat man sehr schnell eine verzerrte Wahrnehmung der Realität und das ist dann der Punkt, an dem man scheitert. Man erhält unrealistische oder keine Feedbacks und weiß letztendlich sein Verhalten nicht mehr optimal einzuschätzen, was dann zu Größenwahn führt und damit zum klassischen Stolperstein wird. Immer dann, wenn der wirtschaftliche Erfolg zur Rechtfertigung für unpassendes Verhalten wird, wird es schwierig. Dann wird sich über kurz oder lang der wirtschaftliche Erfolg verabschieden. Sich auf den Stuhl des anderen setzen, dabei zu schauen, wo dessen Bedürfnisse sind, das ist eine wichtige Aufgabe, wenn man seine Kunden lieben möchte und mit ihnen maximalen Erfolg haben möchte. Die Bedürfnisse des Kunden anschauen aus einer Haltung größten Selbstvertrauens heraus, das ist die Anforderung, die an den modernen Dienstleister gestellt wird.

Selbstvertrauen
Ich bin o.k.- Du bist o.k.

Selbstvertrauen ist der beste Trumpf, mit dem wir arbeiten können. Wir haben in den vorangegangen Kapitel beleuchtet, dass wir unser Gegenüber wertschätzen müssen. Wir wollen unseren Kunden lieben und damit hängt unweigerlich zusammen, dass wir ihm die Wertschätzung und die Anerkennung liefern, die er haben möchte und die er benötigt, um sich gut zu fühlen. Wir haben beleuchtet, wie wir ihm gegenüber treten. Das wir herzlich statt freundlich sein wollen. Wir haben das Kommunikationsmodell, die Transaktionsanalyse aufgefrischt und haben überlegt, was es mit Inhalt gefüllt bedeutet, seine Kunden zu lieben. Bisher haben wir alles daran gesetzt, unseren Kunden spüren zu lassen, dass wir ihn wertschätzen und lieben. Die Liebe und Wertschätzung , die wir geben wollen bedingt aber eine wesentliche Voraussetzung in uns. Wir müssen mit uns selbst liebevoll umgehen. Das was wir anderen Menschen entgegen bringen möchten muss in uns selbst fest verankert sein. Wir müssen über ein hohes Mass an Eigenliebe und Selbstvertrauen verfügen. Die Ansicht, dass der Andere o.k. ist, reicht dabei nicht. Die Grundvoraussetzung für alles muss sein, dass wir uns selbst o.k. finden und aus dieser Haltung heraus den anderen ebenfalls so in Ordnung finden, wie er ist. Doch was bedeutet näher beleuchtet Selbstvertrauen? Selbstvertrauen ist ganz allgemein gesprochen eine positive Haltung uns selbst gegenüber. Wir müssen uns selbst schätzen. Wir wissen, dass wir Stärken und Schwäche haben. Hierbei sollten aber die Stärken, die wir an uns wahrnehmen deutlich überwiegen. Es schadet nie, sich immer wieder ein Bild davon zu machen, was man wirklich gut kann. Mit welchen Charaktereigenschaften sind wir sehr glücklich und zufrieden? Mit welchen Verhaltensweisen können wir uns gut arrangieren? Welche Fähigkeiten und Talente haben wir? Hier kommt es darauf an, nicht das Bild widerzuspiegeln das andere von uns haben, sondern wirklich selbst zu überlegen, was wir an uns gut oder sogar sehr gut finden. Ein anderer hat bezüglich dieser Dinge immer eine eingeschränkte Wahrnehmung. Oftmals kennt ein anderer nicht das ganze Spektrum unserer guten Eigenschaften, weil er uns immer in ähnlichen Situationen erlebt. Wer weiß schon, dass wir beispielsweise sehr gut malen können, wenn er uns in täglichen Verhandlungen erlebt? Also ist es wichtig, dass wir uns selbst ein gutes Bild über unsere Fähigkeiten machen. Die Schwächen sollte man natürlich auch kennen. Ich habe selbst mal an einem Einzelcoaching teilgenommen, in dem man mir mitteilte, dass man nun auf Geheiß der Unternehmensführung meine Schwächen ausmerzen wolle. Auf meine Frage hin, wo mein Coach die denn sehe, gab es lediglich eine diffuse Antwort. Ich solle sie benennen und wir würden sie gemeinsam zum Verschwinden bringen. Das macht einem

Angst, finde ich. Klar hat man Schwächen, die man benennen kann. Es gibt dann Schwächen, die ich eher harmlos finde. Sie treten je nach Konstitution meines inneren Schweinehundes auf. Manchmal esse ich für mein Leben gerne Schokoladenpudding und Desserts aller Art. Das beschert mir an dem ein oder anderen Tag ein Kilogramm mehr auf der Waage, was ich dann durch einen Diättag kompensiere. Ich finde die Süßtage machen mich eher friedlich und sie spornen an so manchem Tag meine Kreativität an. Wollte der Coach das jetzt ausmerzen? Nein, er sprach dann von mangelnder Disziplin an solchen Tagen und ich solle doch mal überlegen, ob vielleicht Disziplin häufiger ein Problem in meinem Leben sei. Verschämt habe ich zugegeben, dass ich mich vielmehr sportlich betätigen müsse und das sicherlich etwas mit Disziplinlosigkeit zu tun habe. Darauf hat er sich mit Wonne gestürzt. Die Frage ist, ob ich denn nun bei noch strafferem Zeitplan wirklich zufriedener bin und mehr Selbstvertrauen habe. Das muss man genau anschauen. Ich finde, wenn man seine vermeintlichen Schwächen anschaut, dann muss man auch immer schauen, für was sie dienlich sein können. Es gilt nicht, alle Schwächen auszumerzen. Wenn mich meine Schwächen nicht nachhaltig behindern, dann kann ich sie liebevoll als meine Eigenheiten bezeichnen und sie vernachlässigen. Ich kann mich dann den Stärken widmen . Anders ist es natürlich, wenn mein Gewicht in gesundheitsbedrohlichen Regionen anzusiedeln ist oder ich andere Verhaltensauffälligkeiten an den Tag lege.

Selbstvertrauen hat etwas damit zu tun, wie man sich selbst akzeptiert. Wenn man mit Veränderungen umgehen kann, ohne sich selbst bedroht zu sehen, dann ist das Selbstvertrauen gesund. Selbstvertrauen impliziert auch, dass wir gut für uns sorgen. Gut für uns zu sorgen hat insofern etwas mit Selbstvertrauen zu tun, als dass wir schauen, was gut für uns ist und was uns schadet. Ein gutes Selbstvertrauen sorgt dafür, dass wir zum Beispiel eine optimale Mischung aus Arbeit und Freizeit anstreben. Das Selbstvertrauen erlaubt es uns, eine Balance aus Anstrengung und Entspannung zu finden. Nur wer über ein gesundes Selbstvertrauen verfügt, kann sich entscheiden etwas ganz bewusst für sich zu tun. Das ist die Voraussetzung, um gestärkt und kompetent auf andere Menschen zuzugehen. Wenn wir uns selbst gut kennen, dann wissen wir, was es mit uns zu tun hat, wenn wir uns über jemand anderen ärgern oder unser Gegenüber sehr unsympathisch finden. Ein bodenständiges Selbstvertrauen lässt sich nicht in die Ecke drängen und vielleicht vollkommen vom Ziel abbringen. Es ermöglicht uns, aktiv und ohne Vorbehalte auf Kunden und Mitarbeiter zuzugehen. Wir sind dann neugierig und offen für andere und verstecken uns nicht hinter unseren Ängsten.

Mit einem guten Selbstvertrauen löst man Konflikte. Konflikte gerade auf der persönlichen Ebene .

Wie viele Projektteams arbeiten nicht ergebnisorientiert zusammen. Oftmals fehlt eine geeignete Konfliktstrategie. Die Kommunikation funktioniert nicht gut, da der Projektleiter sich selbst in Frage gestellt fühlt und daher die Konfrontation meidet. Selbstvertrauen hat in hohem Masse etwas mit der Wertschätzung zu tun, die ich einem anderen entgegen bringen kann. Wenn man von sich selbst keine besonders hohe Meinung hat, dann ist es sehr schwer, diese jemand anderem zuzusprechen. Oftmals werden dann Menschen, die über ein gesundes Selbstvertrauen verfügen als Bedrohung wahrgenommen. Mit Bedrohung kann ich umgehen, in dem ich mich zurückziehe. Das ist für einen Dienstleister nahezu tödlich. Ein Vetriebler, der quasi im Geheimen Vertrieb macht, wird überhaupt keinen Erfolg haben. Als guter Vertriebsmitarbeiter muss man dass sein, was umgangssprachlich als „Rampensau“ bezeichnet wird. Man muss sich wohlfühlen auf der Bühne des Lebens zu agieren. Aber auch hier spreche ich von einem gesunden Selbstvertrauen. Ein übersteigertes Selbstvertrauen ist genauso kontraproduktiv wie ein zu geringes Selbstvertrauen. Ein überspannter Egomane wirkt sehr abschreckend auf unsere Kunden. Eine vernünftige Selbstreflexion ist ebenfalls ein wesentlicher Bestandteil einer beeindruckenden Persönlichkeit. Aber auch der Innendienst muss über die Kompetenz verfügen, auf andere Menschen zuzugehen. In vielen Betrieben findet man einen absolut zeitraubenden, schriftlichen Austausch zwischen Abteilungen, der durch ein persönliches Gespräch massiv reduziert werden könnte und damit einer besseren Dienstleistung dienen würde. Mit Bedrohung kann ich aber auch umgehen, in dem ich aggressiv nach vorne presche und mein Gegenüber verschrecke oder einschüchtere. Ich kann mich an eine Innendienstmitarbeiterin erinnern, die permanent schlechte Laune hatte. Im Sinne einer guten Zusammenarbeit fragte ich sie Montags morgens, ob sie ein schönes Wochenende hatte. Die Antwort lautete: „ Das möchte ich hier niemandem erzählen, das geht auch keinen etwas an. Wahrscheinlich interessiert es nicht mal sie wirklich". Okay, es folgte nur noch eine kurze und knappe Kommunikation. Meistens schriftlich. Wenn Sie schriftliche Fragen stellte, fügte sie jeder Frage mindestens vier Fragezeichen an. Sie kündigte noch in der Probezeit. Mir kam nicht ein einziges bedauerndes Wort über die Lippen, lediglich ein frostiges „Alles Gute". Selbstvertrauen ist also der Schlüssel zur optimalen Kundenbetreuung und eine notwendige Voraussetzung seine Kunden zu lieben. Es gibt inzwischen unzählige Bücher zum Thema Selbstvertrauen. Entweder in Form von Ratgebern oder in Form von Beschreibungen des optimalen Zustands. Klar kann man sich das ein oder andere anlesen. Aber um es wirklich authentisch leben zu können, muss man es verinnerlichen. Das ist nach unter Umständen jahrelang anders geübter Praxis mitunter oft gar nicht so einfach. Daher macht es Sinn, einen externen Coach oder Trainer auf diese Dinge schauen zu lassen und sich hier ein externes, professionelles Feedback zu holen, um dann innerlich gestärkt aufzutreten.

Das machen wir längst......
Ein Mythos

Spricht man in Unternehmen den Punkt Kundenbindung an, dann hört man sehr oft: Das machen wir längst. Damit haben wir vor Jahren bereits begonnen…., schaut man dann näher hin, stellt man fest, dass etwas sehr halbherzig begonnen wurde und alle Anstrengungen im Sande verliefen.
Diese Dinge stelle ich auch in Einzelcoachings fest. Ich stelle Klienten eine Strategie vor und die erste ganz spontane Antwort lautet: „ Wissen Sie Frau Simon, dass habe ich schon früher genau auf diese Art probiert. Und glauben Sie mir, ich hatte schon damals keinen Erfolg damit.“ In Unternehmen ist es wieder ein wenig anders gelagert. Man hat vor geraumer Zeit erkannt, dass die Zahl der guten Neukunden zurück gegangen ist. Dann hat man sich sein Kundenportfolio angeschaut und hat festgestellt, dass viele dieser Kunden gar nicht die gesamte Produktpalette des Hauses nutzen oder viele Kunden nur noch im Adressbestand des Unternehmens vorhanden sind ohne rege Geschäftsaktivität. Man hat diesen Umstand zum Anlass genommen, über die Kundenbetreuung des Hauses nachzudenken und die vorhandene Betreuung durch eine aktive Kundenbetreuung zu ersetzen. Nachdem man alle technischen Voraussetzungen geschaffen hat, involviert man die Mitarbeiter und macht sie mit dem neuen

Kundenbetreuungskonzept vertraut. Es gibt erste Anstrengungen und da wir wissen, wie mühselig Verhaltensänderungen sind, werden diese bald nachlassen. Auf dem Papier bleibt ein solches Konzept aber bestehen. Daher kann man jedem, der das Thema Kundenbindung anschneidet höchst begeistert entgegen schleudern: Das machen wir doch längst! Die Realität sieht aber so aus, dass jeder Mitarbeiter nach seinem ureigensten Prinzip verfährt. Das führt dazu, dass die Kunden nicht optimal betreut werden, man die Aktivitäten nicht nachhalten kann und schon gar kein einheitliches Bild nach außen entsteht. Wenn ein Unternehmen als Ganzes nicht öffentlichkeitswirksam handelt, dann ist es auch schwer, von Kunden so wahrgenommen zu werden, wie das unsere Philosophie „Ich liebe meine Kunden" eigentlich erfordert. Das machen wir längst ist ein anderer Satz für den Ausdruck „Lassen Sie mich in Ruhe damit". Zunächst sieht man in der veränderten Philosophie eine Menge mehr Arbeit auf sich zu kommen. Die meisten Mitarbeiter überlegen bei jeder Veränderung zunächst, was es an Mehraufwand für Sie bedeutet. Jetzt sollen sie zu aller Arbeit, die sie ohnehin schon haben, auch noch ihre Kunden lieben. Sollen deren Wünsche erfüllen und keinen Kunden abwimmeln. Man soll Qualität verbessern, das bezieht sich meist auch auf die Schnelligkeit der Abwicklung und man sieht noch viele andere Dinge auf sich zu kommen. Da ist es sehr leicht zu sagen: Das machen wir längst. Der Satz „das machen wir längst“ ist eine Killerphrase. Damit beendet man zunächst jede weitere Kommunikation. Ähnliche Sätze, wie zum Beispiel „das haben wir immer schon so gemacht“ oder „das machen wir hier grundsätzlich nicht“, werden ebenfalls häufig ausgesprochen und dienen dazu, eine Abwehrhaltung einzunehmen. Wenn wir hören, das machen wir längst, dann kann der Mitarbeiter zunächst einmal damit rechnen in Ruhe gelassen zu werden. Da er es schon praktiziert, gibt es scheinbar keinen Handlungsbedarf. Wenn man in einem solchen Moment nicht perfekt vorbereitet ist und hier meine ich Controllingzahlen und Meinungsumfragen vorweisen kann, dann ist an dieser Stelle die Kommunikation beendet. Für den, der sich verändern soll ist es ein Punktsieg. Aber auch Leute, die sich eingestehen müssen, dass sie in der Vergangenheit dieses Thema durchaus verbesserungsbedürftig behandelt haben, schrecken nicht davor zurück zu sagen, dass sie all das schon längst machen. Unlängst berichtete ich in einer Runde über den Titel dieses Buches. Ein Herr in Führungsverantwortung einer großen Bank teilte unmittelbar bevor jemand anders etwas sagen konnte mit, dass die Bank bei der er beschäftigt sei, dass nun seit Jahren in Perfektion praktiziert und er diese Philosophie seinen Mitarbeitern jeden Tag ganz intuitiv vorlebt. Ich war ehrlich gesagt überrascht über die Vehemenz seiner Aussage. Aber das Gespräch ging eine Weile weiter und er

beklagte sich darüber, dass man einen großen Kunden verloren hat, nur weil ein Mitarbeiter sich nicht entsprechend um diesen gekümmert hat. Soviel zu dem Thema „Das machen wir längst". Dieses Thema ist ein regelrechtes Mythos.
Es gibt Dinge und Geschichten, die werden immer wieder erzählt und behauptet. Ähnlich verhält es sich mit dem guten Betriebsklima. Über das gute Betriebsklima wird in jeder Firma gesprochen. Es wird glorifiziert, mystifiziert und oft belobigt. Wenn ich als Coach in die einzelnen Abteilungen gehe und nach dem Stand des Betriebsklimas frage, dann höre ich zu Beginn ganz oft, dass alles wirklich super ist. Man versteht sich gut, geht gemeinsam ein Bier trinken, hilft sich in schwierigen Situationen und das Verhältnis zu den Kollegen ist wunderbar. Man möchte gar nicht in einer anderen Firma arbeiten. So perfekt stellt sich die Zusammenarbeit dar. Aufgrund der Problematik, die der Geschäftsführer beschrieben hat, bin ich zunächst oft erstaunt. Man kann sich keinen besseren Chef vorstellen und die Kunden sind toll, wenn man von einzelnen Querköpfen einmal absieht. Die Realität ist aber häufig sehr weit von diesen Beschreibungen entfernt. In Unternehmen, in denen mir ein solch positives Bild gezeichnet wird, stelle ich nicht selten genau das Gegenteil fest. Tägliche Intrigen und Grabenkämpfe sind an der Tagesordnung. Das Zeichnen des positiven Bildes dient zunächst einer Abwehrstrategie.

Entweder verleugnet man nur zu gerne vor anderen diesen Zustand oder man verleugnet es in gewisser Weise auch vor sich selbst, um sich nicht weiter mit diesen Dingen auseinandersetzen zu müssen. Die Auseinandersetzung mit diesem Thema hätte nun unter Umständen unangenehme Konsequenzen für einen selbst. Genauso ist es mit der Kundenbetreuung. Ich habe im Laufe meiner beruflichen Laufbahn viele Verkäufer und Mitarbeiter im Vertrieb kennengelernt. Da gibt es unterschiedliche Typen: es gab Mitarbeiter, die sich permanent beklagten, dass sie zu viele administrative Aufgaben haben. Wenn man sie beobachtete, sah man sie den ganzen Tag am Schreibtisch. Sie bearbeiten Listen und andere Dinge. Zum Kundenkontakt kamen sie nur selten aufgrund der Vielzahl anderer Aufgaben. Wenn man sie nach dem Stand der Neukundengewinnung fragte, dann japsten sie, dass sie doch kaum Zeit haben, die Bestandskunden zu bearbeiten. Da sei es doch nun zu viel verlangt auch noch auf Neukundenfang zu gehen. Ich stelle immer wieder fest, dass dieser Mitarbeitertypus Angst hat. Angst, die ihn lähmt, auf den Kunden zuzugehen. Bei Neukunden ist es unvergleichlich schwerer, da sind erst recht jede Menge Vorbehalte vorhanden. Mit dieser Einstellung ist es beinahe unmöglich, seine Kunden zu lieben, da die innere Hemmschwelle, die Angst vor einem Nein des Kunden und Angst vor Ablehnung so groß ist. Selbstvertrauen ist eben ein entscheidender Faktor.

Der andere Mitarbeitertypus ist der aggressive Verkäufer. Er sieht seine Tätigkeit nur im Produktverkauf. Wie ein Drücker möchte er seine Produktpalette verkaufen. Administrative Aufgaben und repräsentative Aufgaben sind ihm im höchsten Masse zuwider. Auch dass ist keine optimale Ausgangsbasis , um seine Kunden zu lieben.

Dann gibt es den Mitarbeiter, der den Kunden gerne belehrt statt berät. Das funktioniert, solange der Kunde gezwungen ist, sich mit dem Produkt auseinanderzusetzen. Ich habe solche Leute häufig in Sanierungsabteilungen kennen gelernt. Der Kunde hat nur die Chance sich mit dem Berater zu arrangieren. Aufgrund der finanziellen Möglichkeiten gibt es keine zusätzlichen Produkte, die verkauft werden können und neue Kunden zu gewinnen wäre im Sinne des wirtschaftlichen Erfolgs nun wirklich katastrophal. Hier hat man im Allgemeinen noch nicht mal eine entfernteste Idee davon, wie es sein könnte, seine Kunden zu lieben. Es wird über die Kunden geschimpft, sie werden verteufelt und für völlig bescheuert erklärt. Dass sich im Rückblick manches anders darstellt, als im einstigen Entscheidungsmoment, wird völlig außer Acht gelassen. Sich auf den Stuhl des Kunden zu setzen ist hier völlig verpönt. Doch auch hier gilt: Ein Kunde, der vielleicht im Moment in einer schwierigen Situation ist, kann sich verändern. Und glauben Sie mir, er merkt sich ihr Verhalten sehr gut!.

Die Anforderungen an den perfekten Mitarbeiter sind also hoch. Das kann nur durch konsequentes Training und durch ein motivierendes Umfeld erreicht werden. Jeder der beschriebenen Mitarbeiter wird sich mit einer Veränderung in dem von ihm abgelehnten Bereich schwer tun. Aus dieser Haltung heraus entsteht der Satz: Das machen wir längst. Wenn Sie mit diesem Satz konfrontiert werden, dann dürfen Sie nicht aufgeben. Vielmehr sollte es ein Anreiz sein, nun einmal genau zu schauen wo und wann es denn schon gemacht wird. Man sollte mit der jeweiligen Person beleuchten, warum sie der Meinung ist, dass es schon gemacht wird und warum die Realität unter Umständen etwas ganz anderes zeigt. Man sollte aber auch einmal darauf schauen, wie sich ein solches Mythos in einem Unternehmen halten kann. Warum wird es vorgegeben und nicht gelebt? Was fehlt? Und damit meine ich keine der vielen Dinge, die von Kundenbetreuern und Verkäufern immer wieder genannt werden. Wenn man recherchiert, warum es die nicht zufriedenstellende Situation gibt, dann stößt man auf immer gleiche Antworten: Wir brauchen noch…..und dann werden zahlreiche Dinge aufgezählt. Nein, ich meine, warum ist es möglich, dass Kundenbetreuung nicht bis zur Perfektion gelebt wird? Liegt es daran, dass es nicht perfekt vorgelebt wird oder setzt man vielleicht noch die falschen Prioritäten, was sich oft auch im jeweiligen Vergütungssystem widerspiegelt. Auf jeden Fall ist eins wichtig: Geben Sie sich nicht mit einem Mythos zufrieden. Schauen Sie genau hin, ob es sich nicht um eine Killerphrase handelt, um eine mögliche Veränderung fernzuhalten oder ob man es wirklich längst macht und nur nicht gut und richtig umsetzen kann. Auf jeden Fall lohnt es sich, ein Mythos in eine gelebte Philosophie umzuwandeln.

Ratingsysteme und Kundenranking- todsicherer Misserfolg. Erfolg und Misserfolg von Ranking- und Selektionssystemen

Viele Unternehmen haben Kundenranking-Systeme und Ratingsysteme für Kunden eingeführt. Alle mit mäßigem oder völlig ohne Erfolg. In Kundenranking-Systemen werden Kunden klassifiziert. Zunächst stellt man Kriterien auf, nach denen Kunden klassifiziert werden können. Das können viele unterschiedliche Kriterien sein. Man kann sie nach den eigenen Unternehmenskriterien klassifizieren: nach erfolgtem Umsatz, nach Branche, danach wie öffentlichkeitswirksam der Kunde agiert, dass heißt in welchen Verbänden und wichtigen Institutionen ist er tätig, nach Kontaktzahl zum eigenen Unternehmen, nach Beschwerden und vielen andere Kriterien. Sie können Kunden auch beispielsweise nach seiner eigenen Bilanz oder Unternehmenszahlen klassifizieren, wenn Sie Ihnen vorliegen. Hier können Sie zum Beispiel den Umsatz laut Gewinn- und Verlustrechnung als Kriterium verwenden, den Gewinn, ebenfalls Branche und Branchenerwartungen, gegebenenfalls den Aktienkurs und Börsenerwartungen; der Phantasie sind keinerlei Grenzen gesetzt. Die einzelnen Kriterien kann man mit Punkten belegen, je nach Wichtigkeit. Letztendlich ist das Ziel, die Kunden in Gruppen zu klassifizieren, um hieraus ein Kundenbetreuungskonzept zu entwickeln. Hat man die verschiedenen Kundengruppen selektiert, dann kann man ihnen unterschiedliche Kundenbetreuungsaktivitäten zuordnen. Man kann festlegen, wie oft ein Kunde innerhalb eines Geschäftsjahres persönlich besucht werden soll. Man kann festlegen, ob er nur von seinem Kundenbetreuer besucht werden soll oder ob er durch ein Mitglied der Geschäftsführung begleitet wird. Man kann die Anzahl der Telefonkontakte festlegen und man kann generell einen Zeitrahmen festlegen, der für die Betreuung des Kunden aufgewendet werden soll. Man kann den Deckungsbeitrag des einzelnen Kunden hinterlegen und damit eine Grundlage für Rabatte und Preisnachlässe schaffen. Man kann Kompetenzen an die entsprechenden Rankings koppeln und man kann die Informationen nutzen, um allgemeine Marketingaktionen zu steuern. Die einzelnen Kriterien kann man zu einer Gesamtbewertung zusammenfassen und im EDV-System entsprechend hinterlegen. So ist gewährleistet, dass gute Kunden entsprechend betreut werden und keine Zeit für eher unbedeutende Kunden verschwendet wird. Man verhindert, dass übergeordnete Kompetenzträger unnötiger Weise involviert werden und verhindert auch, dass Kunden ganz und gar vernachlässigt werden. Soweit klingt das in der Theorie alles sehr gut und auch praktikabel. Man erkennt einen Vorteil für die Kundenbetreuung. Die realistische Praxis sieht aber ganz anders aus.

Die Einführung eines solchen Rankings erfordert

sehr viel Zeit und ein gutes Datenmaterial, bzw. Kundenbetreuer, die ihre Kunden sehr gut kennen. Bis ein solches Ranking technisch zu verwenden ist, vergeht meist viel Zeit. Dann kommt der Tag, an dem die Mitarbeiter dieses Ranking nutzen sollen. Wie immer bei Veränderungen kommt es oft zu einer ablehnenden Haltung. Das jeder Kundenbetreuer seine Lieblingskunden hat, das haben wir in vorangegangenen Kapiteln schon einmal beleuchtet. Oft fallen diese Lieblingskunden nicht in den oberen Teil der gerankten Kunden. Der Mitarbeiter muss also sein Verhalten umstellen. Jegliche Aktivität der Kundenbetreuung wäre am Rankingsystem zu orientieren. Das fällt unglaublich schwer. Wertet man Deckungsbeiträge aus und konfrontiert die Mitarbeiter mit den erzielten Deckungsbeiträgen, dann sagt der Mitarbeiter beinahe immer: „ Das kann nicht sein". Die subjektiv empfundenen guten Kunden unterscheiden sich nämlich ganz oft von den tatsächlich „guten" Kunden. Das bedeutet für den Mitarbeiter, sein Verhalten zu verändern. Das fällt schwer. Wenn Sie das nicht konsequent beobachten und controllen, war alle Mühe umsonst. Aber auch die Kontrolle ist wiederum zeitaufwendig. Wenn man dieses neue Konzept konsequent durchführt, dann erfordert das sehr viel Fingerspitzengefühl von den Mitarbeitern. Kein Kunde sollte wissen, auf welcher Rankingstufe er sich befindet. Das sollte er weder am aktuellen Verhalten ausmachen können, noch sollte sein

Ranking kommuniziert werden. Wenn ein bisheriger Lieblingskunde einen „Abstieg" erfährt, dann ist das zunächst problematisch und führt zu Verärgerungen. Kunden sind auf diesem Gebiet sehr feinfühlig. Wir alle konnten in der Presse den Unmut der Kunden verfolgen, als ein Unternehmen offen damit warb, für neue Kunden besondere, bessere Konditionen anzubieten. Die Bestandskunden waren sauer und es gab einen nicht unwesentlichen Kundenverlust. Der Mitarbeiter muss sehr gut geschult sein, den Kunden nicht spüren zu lassen, wie er gerankt wurde. Das größte Problem ist, das Mitarbeiter den Vorteil eines solchen Kundenrankings oft nicht erkennen, sondern im Gegenteil sich innerlich weigern, mit solchen Hilfen zu arbeiten.

Ein weiterer kritischer Punkt ist die Überarbeitung des Kundenrankings. Die einmalige Einführung eines solchen Systems reicht nicht aus. Es muss gewährleistet sein, dass dieses System permanent überarbeitet wird. Die Kriterien müssen angepasst werden und es muss über die jeweilige Punktevergabe nachgedacht werden. Die größte Gefahr besteht darin, dass einmal im unteren Bereich gerankte Kunden absolut vernachlässigt werden. Durch beschränkten Kontakt entgehen einem vielleicht wichtige Entwicklungen, die den Kunden in den letzten Monaten begleitet haben. Kunden, die nur selten besucht werden entwikkeln kein großes Vertrauen in den Kundenbetreuer. Das bedeutet, dass auch interessante Informationen nicht mehr kommuniziert werden, da in der Kommunikation nicht nur der Inhalt, sonder auch die Beziehung kommuniziert wird. Da kann es durchaus sein, dass wir, sobald wir die Information über eine positive Entwicklung erhalten, zu spät kommen und der Kunde bereits einen anderen Partner gefunden hat. Ein abgekühltes Verhältnis aufleben zu lassen ist sehr schwer und meistens mit hohen Kosten verbunden. Ein von anderen begehrter Kunde erwartet in der Vielzahl der Fälle Preiszugeständnisse. Das ist nicht unbedingt dass, was man erreichen möchte.

Ein weiteres Problem ist die Subjektivität in der Beurteilung der Kriterien. Wenn ich einen Kunden nicht mag, da er aus meiner Sicht schwierig im Umgang ist, dann neige ich automatisch dazu, diesen Kunden in den weichen Faktoren schlechter zu beurteilen, als er ist. So komme ich nicht in die Verlegenheit, den Kunden zukünftig gezwungener Massen auch noch öfter besuchen zu müssen. Genauso andersherum: Meinen Lieblingskunden möchte ich sehr weit oben angesiedelt sehen. Ganz oft sehe ich in Unternehmen, das solche Rankingsysteme eingeführt wurden, aber vollkommen brach liegen. Meines Erachtens liegt das daran, dass man den zweiten Schritt vor dem ersten Schritt machte. Kundenbetreuungskonzepte werden meist eingeführt, wenn man dort ein Defizit erkennt. Man möchte Kundenbetreuung automatisieren und verbindlich einführen. Das soll das Standing des Unternehmens nach Außen verbessern und natürlich den wirtschaftlichen Erfolg erhöhen. Das ist alles richtig und gut. Allerdings kann man nicht davon ausgehen, dass eingeführte Systeme für diesen Umstand sorgen. Systeme können nur unterstützend wirken. Klar kann man System und das Handeln nach diesen Abläufen vorgeben. In vielen Unternehmen sagt man mir auch nahezu beleidigt, dass die Mitarbeiter schon wüssten, was zu tun wäre, wenn man sich nur mal an die Vorgaben hielte. Wir haben schon häufiger beleuchtet, wie schwer es ist, Veränderungen nachhaltig durchzusetzen. Also muss man anders ansetzen. Ich muss zunächst den Mitarbeiter in Kundenbetreuung trainieren. Das geht nicht durch ein zwei- oder dreitägiges Seminar. Sinnvoll ist hier ein Coaching in Form von Schattentagen. Die Philosophie seine Kunden zu lieben muss komplett durchdringen. Wenn ich das erreicht habe, dann kann ich durch ein Kundenbetreuungskonzept unterstützend wirken. Wobei das dann nur noch Sinn macht, um Energien zu kanalisieren und um einen einheitlichen Auftritt zu gewährleisten. Ohne eine Veränderung in Menschen anzustoßen, hat man keine Chance mit technischen Systemen. Dann wird ein Kundenrankingsystem ein todsicherer Misserfolg. Doch was nutzt es, wenn ein einzelner Mensch oder eine Vertriebsgruppe sich verändert? Das ist natürlich wichtig und ist auch ein Anfang. Aber eine Minderheit bewirkt noch keine komplette Veränderung. Eine solche Veränderung muss sich durch das gesamte Unternehmen ziehen. Da muss jedes einzelne Rädchen entsprechend der neuen Philosophie funktionieren. Der Erfolg ist nämlich sehr zweifelhaft, wenn Ihr Vertrieb in Ihrem Sinne agiert, ihm aber aus dem Innendienst ein komplett anderes Verhalten entgegen gebracht wird. Das Ganze kann nur funktionieren, wenn jeder Einzelne im Unternehmen dazu beiträgt, dass die Kunden geliebt werden. Wenn man das erreicht hat, dann machen Kundenrankingsysteme Sinn. Ähnlich sind Ratingsysteme zu betrachten. Hier geht es vornehmlich darum, die Bonität eines Kunden einzuschätzen. Da unterscheidet man zwischen Scoringsystemen, die ausschließlich sogenannte Hard facts enthalten, also Fakten, die nicht interpretierbar sind. Hier gibt es Informationen, die zum Kunden hinterlegt werden, wie beispielsweise demographische Faktoren .In Ratingsystemen gibt es neben den hard facts auch soft facts, die wie es der Name schon andeutet, interpretierbar sind. Lässt man solche Ratings in zwei unterschiedlichen Abteilungen ausfüllen, wie z.B. der Kundenbetreuung und dem Innendienst, so kann man in den meisten Fällen mit zwei unterschiedlichen Ergebnissen rechnen. Das ist grundsätzlich nicht verkehrt und kann sogar sehr produktiv sein. Wichtig ist aber, dass solche Dinge noch einmal angeschaut werden und man Möglichkeiten schafft, trotz Ratings andere Entscheidungen zu treffen, als vorgegeben. Natürlich mit treffsicheren Begründungen. Macht man das nicht, verspielt man die Möglichkeit individuell zu handeln und das ist in der aktiven Kundenbetreuung immer noch ein Weg in den Misserfolg. Etwas anders ist es natürlich wenn man auf das reine Massengeschäft setzt, aber in diesem Zusammenhang sprechen wir auch nicht von aktiver Kundenbetreuung. Als letztendlichen Schluss können wir aus diesen Ausführungen ziehen, dass wir die Philosophie unsere Kunden zu lieben wirklich leben müssen und sie nicht durch technische Finessen aller Art erzwingen können. Ohne die richtige Einstellung sind alle eingeführten Kundenbetreuungskonzepte praktisch wertlos.

Bleiben Sie sich selbst treu
Verhaltens- und Verkaufstrainingsinhalte kritisch beleuchtet

Obwohl ich selbst Trainerin und Coach bin, bin ich doch in vielen Fällen entsetzt, wenn ich mir entsprechende Verhaltens- und Verkaufstrainings anschaue. Aus meiner eigenen Zeit im Vertrieb bei der Bank fallen mir schöne Bespiele ein. Uns wurde jedem ein Coach an die Seite gestellt, der mit uns gemeinsam den Kunden besuchte. Ziel dieser Veranstaltung sollte sein, den Verkauf zu verbessern und das Verhalten zu optimieren. Na, gut, eigentlich für jeden Vertriebsmitarbeiter interessant. Mein Coach schien ein netter sympathischer Herr zu sein, der auch den Job schon einige Jahre machte. Es war ein sehr heißer Sommertag. Wir saßen beim Kunden und der Herr hatte offensichtlich eine anstrengende Reise hinter sich, denn er schlief während des Gesprächs mehrfach ein. Mein Kunde war mehr als irritiert, zumal der Termin vormittags stattfand. Unglaublich. Sein Feedback an mich fiel entsprechend aus, denn er hatte nicht viel mitbekommen. Der zweite Besuch war ebenfalls bemerkenswert. Wir befanden uns in einem großen Logistikunternehmen. Ich kannte den Inhaber gut und als wir das Büro betraten, witzelte dieser, dass man eben auf dem Hof mit einem großen LKW ein Cabrio überfahren habe und schloss die Frage an, ob das schwarze Auto denn wohl mein Auto sei. Es folgte ein entsetzter Blick meinerseits aus dem Fenster und jede Menge Gelächter seitens meines Kunden. Auf dem Heimweg gab mir der Coach seine Kritik preis: Es sei alles sehr schön gewesen, aber beim Blick aus dem Fenster hätte ich noch die Vielzahl der Autos rühmen sollen und ihn sofort auf die entsprechende Versicherung ansprechen können. Ein tolles Feedback, mit dem man unglaublich weit kommt. Wenn das alles war, was er zu bieten hatte, dann tut es mir leid, aber dann war er das bezahlte Geld nicht wert. So erscheint es einem des Öfteren. Man quält Mitarbeiter mit Verkaufstrainings, in denen man ihnen abgedroschene Verkaufstricks nahe bringt. Auswendig gelernte Texte, mit denen man auf Kunden zugehen kann und sie angeblich manipulieren kann. Gerade im Telefontraining ist das eine weit verbreitete Praxis. Angeblich kann der Kunde, sobald er mit diesen auswendig gelernten Phrasen konfrontiert wird, unser Angebot überhaupt nicht mehr ablehnen. Das ist wirklich Quatsch. Als Kunde merkt man es unmittelbar, wenn man mit einer dieser Verkaufstaktiken konfrontiert wird und verspürt sofort und unmittelbar überhaupt keine Lust auf einen Kauf. Ich gebe zu, dass ich mich auch nicht immer erfolgreich gewehrt habe. So erinnere ich mich, dass mich am Telefon mal einer überrumpelt hat, ein Zeitungsabonnement zu kaufen. Sofort nach dem ersten Bezug der Zeitung habe ich mich unglaublich geärgert. Das geht fast allen Leuten so. Das kann also keine Kundenbetreuung sein, denn das Ziel kann und darf nur langfristige Kundenbindung sein. Auswendig gelernte Verkaufsphrasen führen nicht dorthin. Eine schreckliche Unart finde ich auch, den Kunden immer wieder zu penetrieren. Ich meine, wenn ein Kunde einmal ein deutliches Nein ausgesprochen hat, dann muss man ihn nicht immer wieder belästigen. Das gehört nicht zur Philosophie seine Kunden zu lieben. Bei einer wirklich guten Kundenbindung ist das auch nicht erforderlich. Der Kunde nimmt dann, was er wirklich gut findet und ist damit zufrieden. Wenn Sie Ihre Kunden lieben, dann suchen Sie ein passendes Angebot für ihn heraus und verkaufen ihm nicht mit aller Macht etwas, was letztendlich gar nicht zu ihm passt. Jetzt höre ich so manchen Vertriebsleiter aufstöhnen: Wenn wir so agieren, dann verkaufen wir gar nichts mehr. Falsch! Wenn Sie so agieren, dann ist Ihr Kunde sicher, dass Sie das, was Sie für ihn ausgesucht haben zu ihm passt und er steht Ihrem Angebot viel offener gegenüber. Damit verpufft nicht soviel Energie im Nichts, als wenn Sie anders vorgehen. Verkauf ist gut und ist überlebenswichtig. Dennoch muss man immer noch beachten, wem ich welches Produkt verkaufe. Es scheint sich in deutschen Unternehmen eine weitere Unsitte zu verbreiten: Um Kosten für einen externen Coach und Trainer zu sparen, beauftragt man interne Mitarbeiter mit dem entsprechenden Coaching. Hier werden Mitarbeiter ausgewählt, die sich durch gute

Verkaufszahlen profiliert haben und werden mit der Aufgabe betraut, die anderen Mitarbeiter in die Geheimnisse des Verkaufs einzuweihen. Hier ist, so glaube ich, das Prinzip eines Coachings völlig missverstanden. Selbst im Fußball hat man erkannt, dass der Spieler, der in seiner aktiven Laufbahn viele Tore schoss noch längst kein guter Trainer sein muss, der sich in die Stärken und Schwächen seiner Spieler hineinversetzen kann und diese als Mannschaft optimal einsetzen kann. Coachen bedeutet nicht nur anfeuern. Ein guter Coach hat auch fundierte psychologische Kenntnisse und kann diese anwenden. Wenn man Mitarbeiter zu Coachs macht, dann ist es auch noch häufig so, dass dieser Mitarbeiter von den Umsatzergebnissen des zu trainierenden Mitarbeiters profitiert. Da kann man doch wirklich nicht von einer objektiven Potenzialförderung sprechen. Wenn es nur darum geht, ein bestimmtes Verhalten an den Tag zu legen, dann kann ich den Wunsch nach vielen Fortschritten im Klonen von Menschen verstehen. Noch ist aber zum Glück jeder Mensch einzigartig. Es gibt unterschiedliche Kundentypen und unterschiedliche Mitarbeitertypen und das genau ist das Geheimnis. Jeder Mensch soll nach seinen Stärken agieren und damit beste Ergebnisse erzielen. Wir tun uns allen keinen Gefallen, wenn wir alle gleich machen wollen. Wenn man so vorgeht, dann behandelt man Menschen nicht wie wertvolles Humankapital sondern wie Maschinen, die man im Dienste der Sache programmiert. Damit schafft man dann einen guten Nährboden für Mobbing, Bossing und Burnout. Menschen erzielen Höchstleistungen, wenn Sie sich respektiert und anerkannt fühlen und wenn sie fühlen, dass man sie wertschätzt. Verhaltenstrainings in Gruppen sind ebenfalls immer sehr kritisch zu betrachten. Ich kann mich auch hier selbst erinnern, dass ich in einer Gruppe von Kollegen meine Schwächen, meine Probleme und meine Befürchtungen darlegen sollte. Das sollte jedes Gruppenmitglied tun und dann sollte ein gemeinsames Gespräch über das Gesammelte geführt werden. Ja lieber Himmel, ist man denn wohl verrückt, seine Schwächen und Ängste darzulegen? Damit sie schamlos vom nächstbesten Kollegen ausgenutzt werden? Es gab zwar eine Vereinbarung, dass nichts Gesagtes den Raum verlässt, aber jeder weiß, wie sehr man sich darauf verlassen kann, nämlich überhaupt nicht. Also mauert man, gibt etwas ganz Kleines preis und wartet zunächst, was die anderen sagen. Ich erinnere mich an ein neues Teammitglied seinerzeit, welches wohl diese inoffiziellen Regeln noch nicht kannte. Er kam aus der Abteilung „Sanierung“ und sagte ganz offen, dass er Angst habe, den hohen Anforderungen des Vertriebs nicht gerecht zu werden. Der anwesende Chef, der ihn uns als „begnadeten Marktmann“ angepriesen hatte, fuhr ihm über den Mund, aber gesagt war gesagt. Tage später hörte man überall hinter vorgehaltener Hand, dass er wohl Angst habe. Was soll so ein Training bringen? Das bindet nur Zeit und Geld. Erfolge kann man damit nicht erzielen. Erfolge erzielt man, wenn man sich ernsthaft mit Schwächen und Ängsten auseinandersetzt. Im geschützten Raum. Möglichst im Einzelcoaching. Das ist vielleicht unter dem Strich etwas teurer, ist aber dafür eine wertvolle Veranstaltung, aus der der Mitarbeiter gestärkt hervorgeht. Sie würden ein schönes, neues Auto auch nicht zu einem Schrauber um die Ecke bringen, sondern lassen ihn professionell warten. Wenn man als Mitarbeiter in solche Pseudo-Veranstaltungen geschickt wird, dann finde ich hat man das Recht zu sagen: Das mache ich nicht mit, da bleibe ich mir selbst treu. Ich finde aber auch, dass man als Mitarbeiter die Pflicht hat, sich auch in diesen Dingen weiterzubilden. Das bedeutet, dass ich sobald ich als Mitarbeiter merke, dass ich an meine Grenzen stoße und ich vielleicht Ängste und Befürchtungen habe, dann suche ich mir von mir aus einen guten Coach, der diese Dinge mit mir gemeinsam bearbeitet. Denn ich bin maßgeblich selbst dafür verantwortlich, das ich mich gut fühle und mir mein Job Spaß macht. Solche Dinge kann man nicht nur auf den Arbeitgeber abwälzen. Es sollte hier in Deutschland noch viel selbstverständlicher werden, seine Probleme professionell zu bearbeiten. Dafür gibt es Menschen, die sich mit diesen Dingen auseinander gesetzt haben und einem sehr gut helfen können. Ich verlasse mich bei einem Hausbau auch gerne auf einen Architekten und nicht auf einen Mann, der mir von einem Generalunternehmer zugeteilt wird und der sich lediglich durch den Bau unzähliger Häuser qualifiziert hat. Bleiben Sie sich treu, damit meine ich, dass Sie nicht jedes Pferd, dass man Ihnen sattelt, reiten müssen. Nicht jeder der Ihnen eine Veränderung Ihres Verhaltens nahe legt, muss damit Recht haben. Wenn Sie Ihre Kunden lieben und das aus ganzem Herzen und über Ihr Verhalten in diesem Sinne nachdenken, dann liegen Sie sicher richtig. Schulen Sie Ihre Intuition und lassen Sie Ihr Verhalten in regelmässigen Abständen durch ein externes Feedback absichern und Sie werden mit Sicherheit erfolgreich sein. Erfolgreich im Beruf und im Privatleben.